"十四五"应用型本科院校系列教材/机械工程类

图学原理与工程制图习题集

Workbook of Principles of Graphics and Engineering Drawing

主 编 陈福民 郝 亮 李天舒
副主编 朱斌海
主 审 鲁建慧

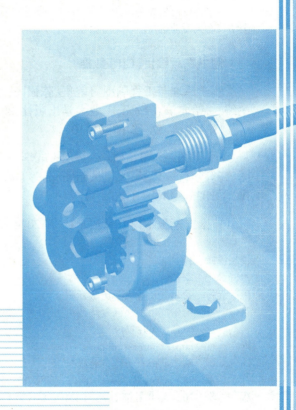

哈尔滨工业大学出版社

新形态教材
扫描书内二维码

内 容 简 介

本书是应用型本科院校机械工程类规划教材。全书分基础训练和章节测试两部分。内容覆盖面广,题型经典,难度由浅入深。书中全部采用最新国家标准,所有插图均用计算机精确绘制。为了配合教学,还为使用者提供与本书配套的多媒体课件和参考答案。

本书不仅可以作为应用型本科院校机械类、近机械类和非机械类专业的"工程图学""机械制图""工程制图"课程的实践教学用书,还可供其他类学校有关专业选用。

图书在版编目(CIP)数据

图学原理与工程制图习题集/陈福民,郝亮,李天舒主编. —哈尔滨:哈尔滨工业大学出版社,2024.8
ISBN 978-7-5767-1410-4

Ⅰ.①图… Ⅱ.①陈…②郝…③李… Ⅲ.①工程制图-高等学校-习题集②机械制图-高等学校-习题集
Ⅳ.①TB23-44②TH126-44

中国国家版本馆 CIP 数据核字(2024)第 096368 号

策划编辑	杜 燕
责任编辑	李长波
出版发行	哈尔滨工业大学出版社
社　　址	哈尔滨市南岗区复华四道街10号　邮编150006
传　　真	0451-86414749
网　　址	http://hitpress.hit.edu.cn
印　　刷	哈尔滨市石桥印务有限公司
开　　本	787 mm×1 092 mm　1/16　印张12　插页2　字数306千字
版　　次	2024年8月第1版　2024年8月第1次印刷
书　　号	ISBN 978-7-5767-1410-4
定　　价	29.80元

(如因印装质量问题影响阅读,我社负责调换)

前　　言

本书与应用型本科院校工科类专用教材《图学原理与工程制图》配套使用,用于加强对教材所讲内容的理解和掌握。全书分基础训练和章节测试两部分。基础训练部分主要内容包括:制图的基本知识和基本技能,点、直线、平面的投影,立体的投影,组合体三视图及尺寸标注,轴测图,机件常用的表达方法,标准件和常用件,零件图,装配图等相应的练习。章节测试部分是按教材的章节顺序,针对每一章内容的综合练习。本书注重基本原理、解题方法的应用,所选题目较好地把握了实用与够用的原则,难度适中。每章测试题用于教师对学生每章的学习情况进行检查或学生自我测验。书中全部采用最新国家标准,所有插图均用计算机精确绘制。为了配合教学,还为使用者提供与本书配套的多媒体课件和参考答案。

本书不仅可以作为普通高等学校机械类、近机械类和非机械类专业的"工程图学""机械制图""工程制图"课程的实践教学用书,还可供其他类学校有关专业选用。

参加本书编写工作的有:陈福民(基础训练部分的第1~5章),郝亮(基础训练部分的第6~7章),李天舒(基础训练部分的第8~9章),朱斌海(章节测试部分的第1~9章测试题)。全书由陈福民统稿、定稿,由鲁建慧主审。

在本书的编写过程中,参考了国内同行编写的很多优秀教材,在此表示衷心感谢!

由于编者的水平有限,书中难免存在不足之处,恳请读者批评指正。

编　者
2024年6月

目　　录

第一部分　基础训练 ……………………………………………………………………………… 1

第 1 章　制图的基本知识和基本技能 ……………………………………………………… 3
第 2 章　点、直线、平面的投影 …………………………………………………………… 15
第 3 章　立体的投影 ………………………………………………………………………… 28
第 4 章　组合体三视图及尺寸标注 ………………………………………………………… 48
第 5 章　轴测图 ……………………………………………………………………………… 65
第 6 章　机件常用的表达方法 ……………………………………………………………… 73
第 7 章　标准件和常用件 …………………………………………………………………… 116
第 8 章　零件图 ……………………………………………………………………………… 138
第 9 章　装配图 ……………………………………………………………………………… 150

第二部分　章节测试 …………………………………………………………………………… 167

第 1 章测试题 ………………………………………………………………………………… 169
第 2 章测试题 ………………………………………………………………………………… 171
第 3 章测试题 ………………………………………………………………………………… 173
第 4 章测试题 ………………………………………………………………………………… 175
第 5 章测试题 ………………………………………………………………………………… 177
第 6 章测试题 ………………………………………………………………………………… 179
第 7 章测试题 ………………………………………………………………………………… 181
第 8 章测试题 ………………………………………………………………………………… 183
第 9 章测试题 ………………………………………………………………………………… 185

第一部分　基础训练

第1章 制图的基本知识和基本技能

1-1 字体练习。

(1) 汉字。

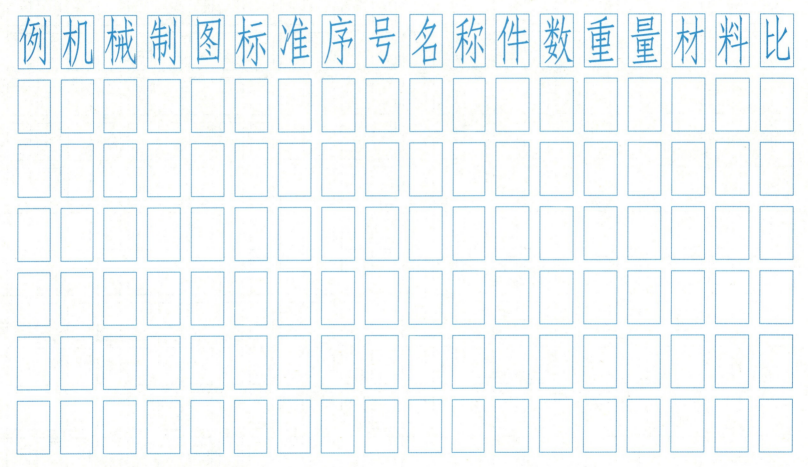

1-1 字体练习。

比例机械制图标准序号名称件数重量材料设计技术要求车磨

1-1 字体练习。

加工机械制图标准序号名称件数重量材料设计技术要求排版主编代码信息时效

1-1 字体练习。

(2) 字母。

ABCEFGHIJKLMNOPQRSTUVWXYZVWXYZ

ABCEFGHIJKLMNOPQRSTUVWXYZABCEFGHIJK BCEFGHIJK

ABCEFGHIJKLMNOPQRSTUVWXYZABCEFGHIJKABCEFGHIJKLMIJKABCEFGHIJKLM

1-1 字体练习。

(3) 数字。

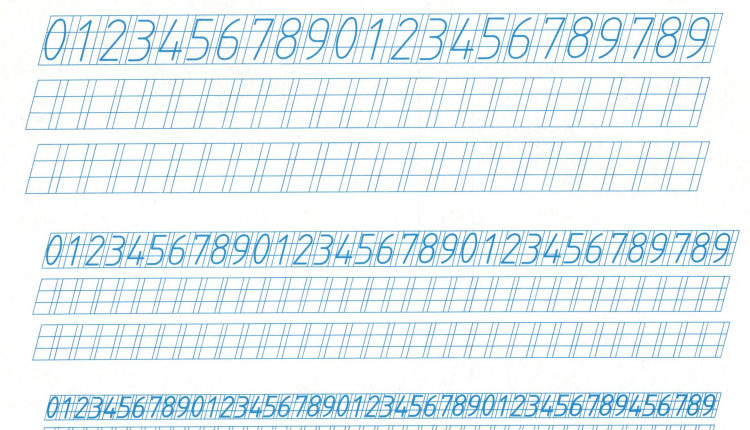

1-2 参照图形给出的尺寸，按1:1比例在图形右侧抄画图形（不注尺寸）。

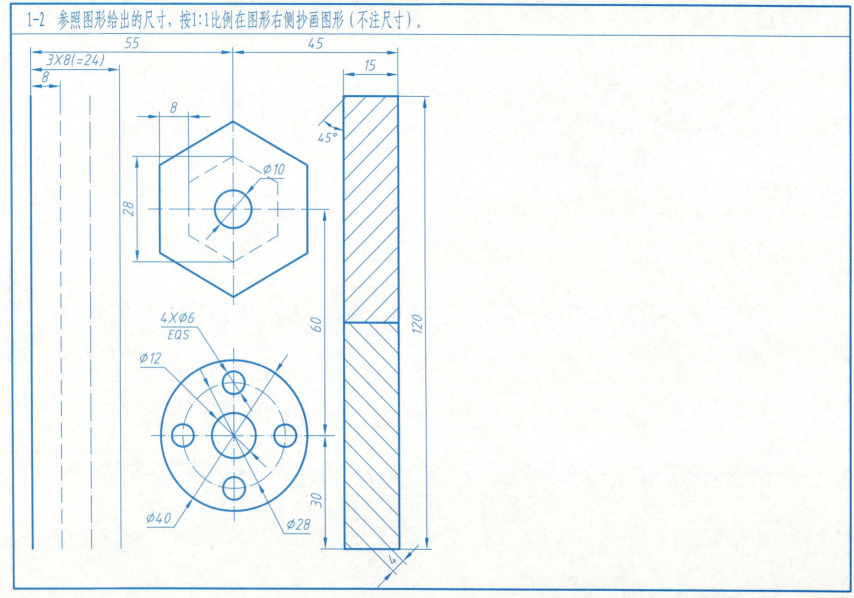

1-3 尺寸标注练习。

(1) 标注下列图形的尺寸（尺寸数值在图形上量取，取整数）。

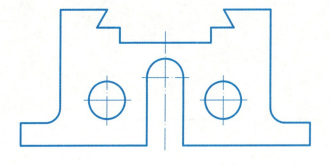

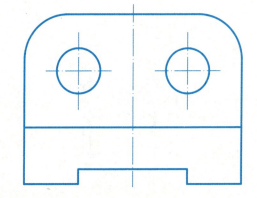

(2) 分析图中错误的尺寸标注，并在下图中正确注出。

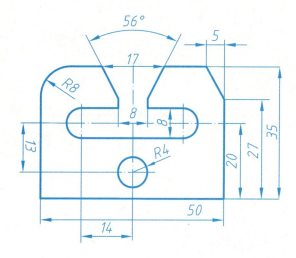

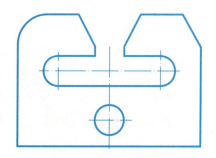

1-4　斜度、锥度练习。

(1) 按图(a)所注斜度，画全图(b)轮廓，描深并用代号标注(比例1:1)。

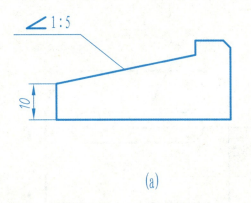 

(a)　　　　　　　　　　　　　　　　　　(b)

(2) 按图(a)所注锥度，画全图(b)轮廓，描深并用代号标注(比例1:1)。

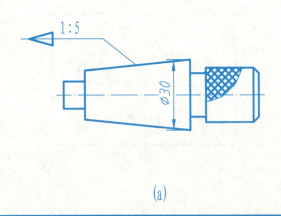 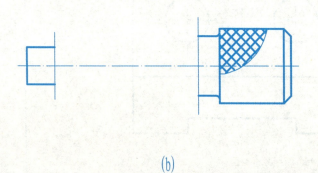

(a)　　　　　　　　　　　　　　　　　　(b)

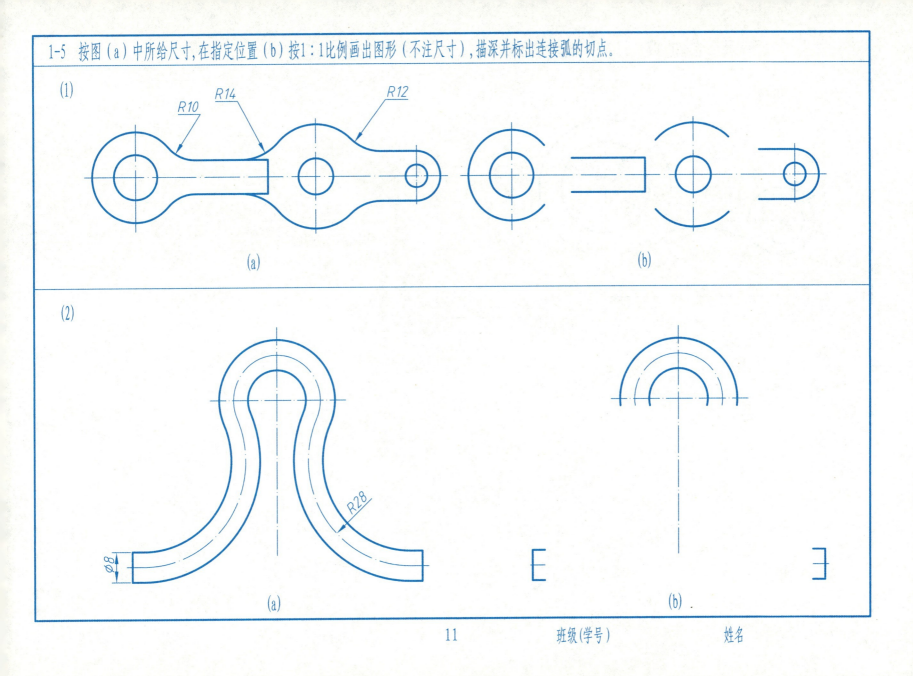

1-5 按图（a）中所给尺寸，在指定位置（b）按1：1比例画出图形（不注尺寸），描深并标出连接弧的切点。

(3)

(a)

(b)

第1次大作业 圆弧连接

一、作业内容

画平面图形（抄画教师指定的圆弧连接图）。

二、作业目的

1. 熟悉圆弧连接的作图方法。
2. 学习平面图形的尺寸分析。
3. 初步掌握图线画法。

三、作业指示

1. 采用A3图纸，自选比例，合理布图。
2. 分析图形尺寸，确定圆弧连接中的已知线段并先画出，然后画出中间线段，最后画连接线段。
3. 底稿线要画得细而淡，圆心和连接点（切点）的位置要找正确，并在底稿中轻轻标出，以保证描深时圆弧的光滑连接。
4. 底稿画完后，擦去多余线，经检查无误后再描深。描深时应按描深的原则、要领进行。
5. 标注图形中的全部尺寸，尺寸标注要清晰。
6. 图框格式、字体书写应符合教材中的要求。
7. 图名填"圆弧连接"，图样代号填写如："01.02"（01—第1次大作业；02—分题号）。

(1) 起重钩。

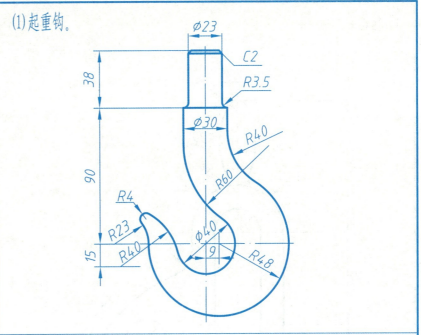

(2) 停止器。

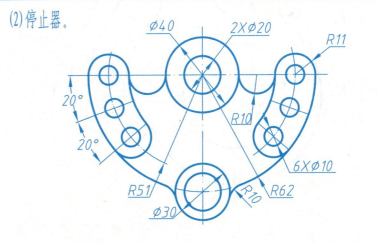

(3) 挂轮架。

(4) 盖。

第2章 点、直线、平面的投影

2-1 根据表中给出的各点坐标,绘制直观图和投影图。

坐标	A	B	C
	尺寸/mm		
X	14	0	20
Y	12	15	0
Z	20	10	0

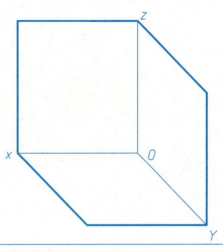

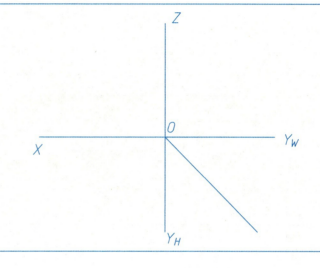

2-2 根据点的两面投影作第三面投影,并比较各点的相对位置。

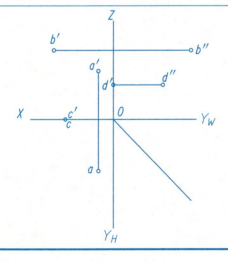

点B、C、D和点A比较	B	C	D
在点A的上下			
在点A的前后			
在点A的左右			

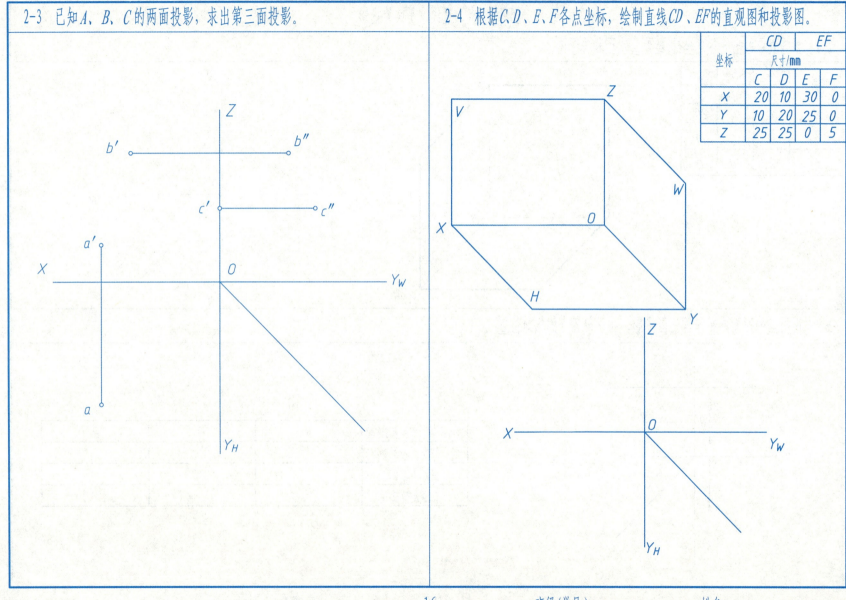

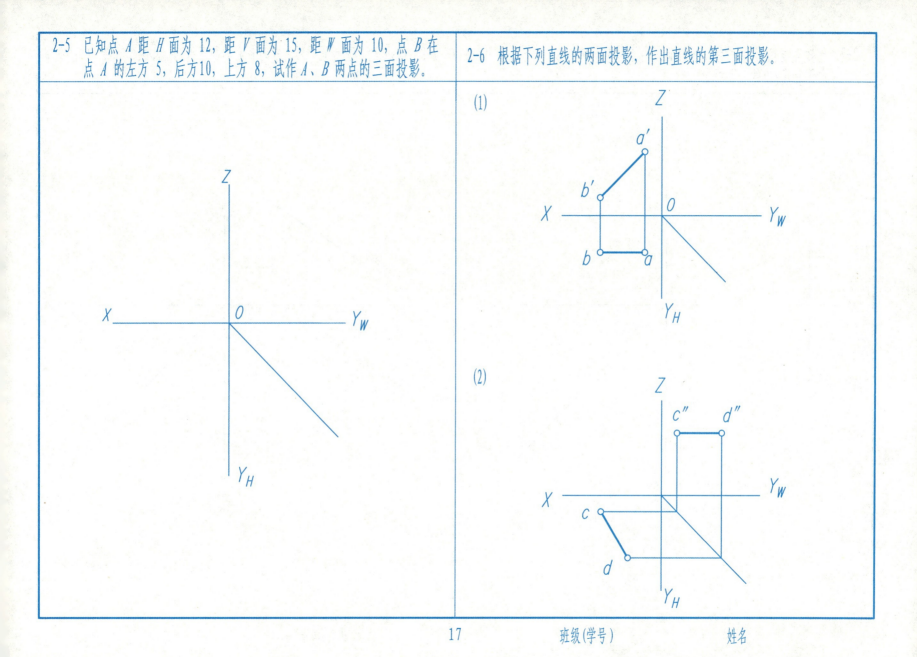

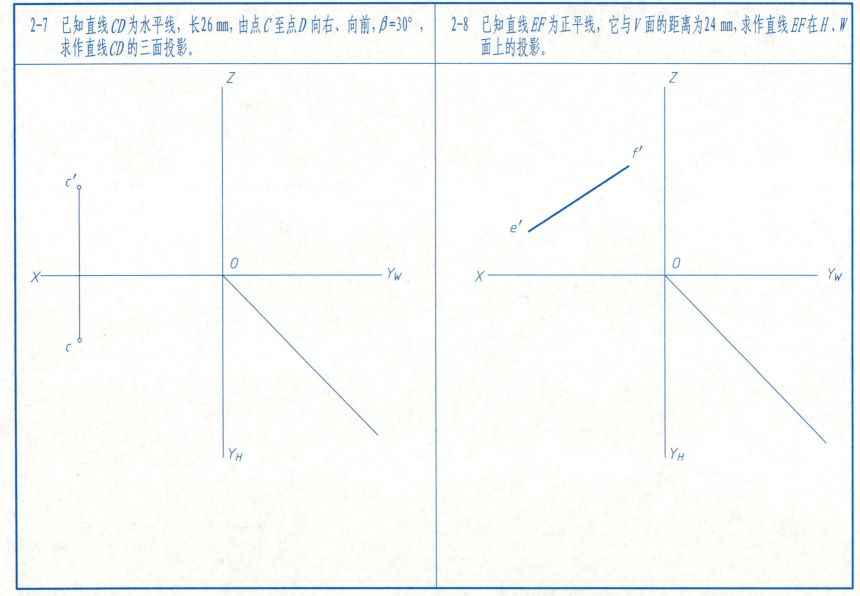

2-9 已知直线 GH 为铅垂线，长为 24 mm，G 在 H 上方，求作直线 GH 的三面投影。

2-10 根据立体图，在物体的投影图中标出 AB、CD、DE 线段的三面投影，并填写直线的名称。

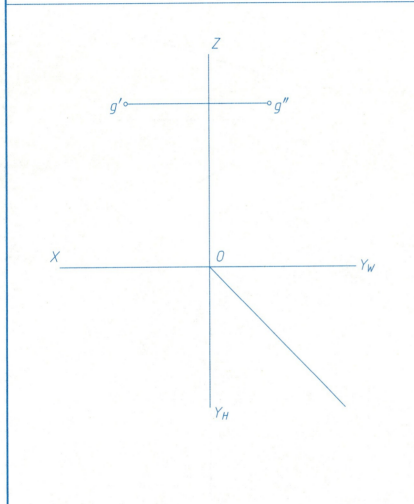

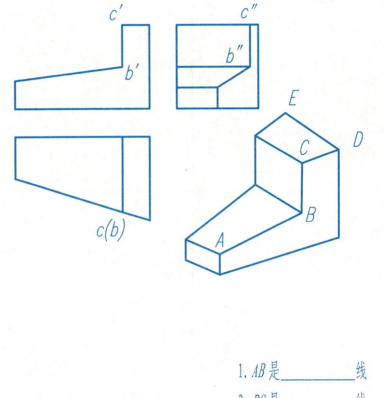

1. AB 是 _____ 线

2. BC 是 _____ 线

3. CD 是 _____ 线

4. DE 是 _____ 线

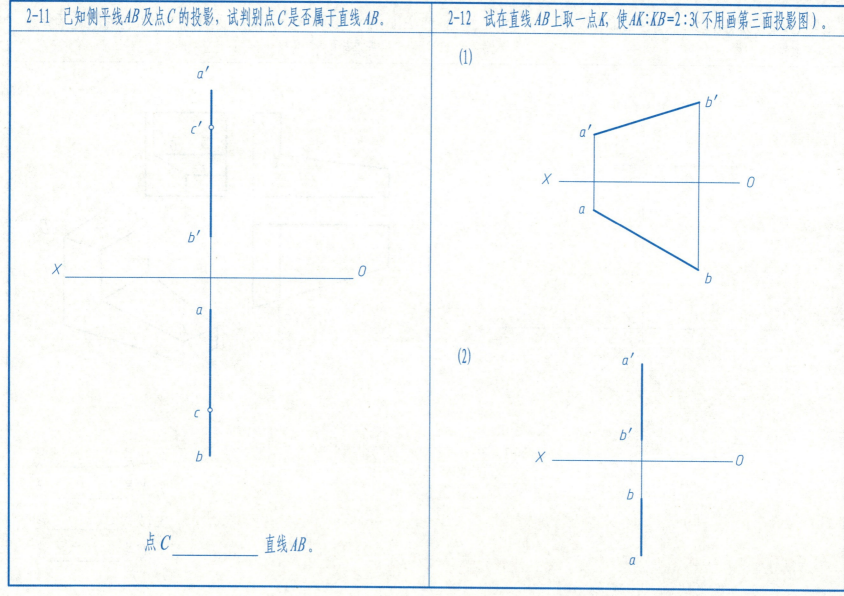

2-13 在 EF 上求一点 P，使点 P 与 H、V 面的距离之比为 3∶2，求作点 P 的三面投影。

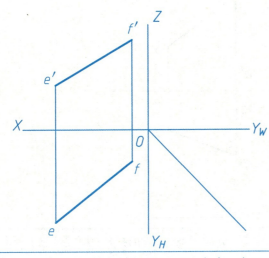

2-14 已知 EF 与 GK 为平行的两直线，试完成其两面投影。

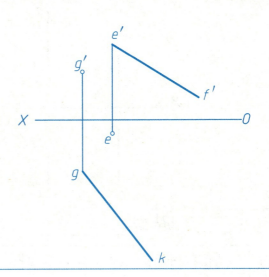

2-15 试分析下图中两直线的相对位置（平行、相交、交叉）。

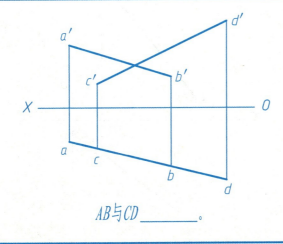

AB 与 CD _____。

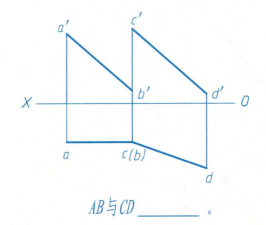

AB 与 CD _____。

2-16 试判别下面两直线是否在同一平面上（不用第三面投影）。

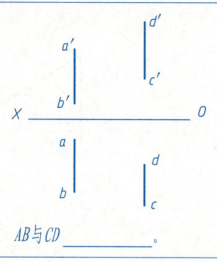

AB 与 CD _____ 。

AB 与 CD _____ 。

2-17 已知 AB 与 CD 两直线交于点 G，求作直线 CD 的正面投影。

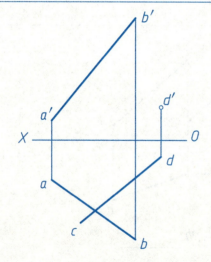

2-18 由点 D 作直线 DC 与已知直线 AB 相交，且交点距离 V 面为 20 mm。

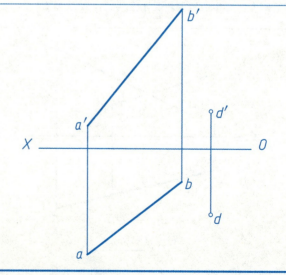

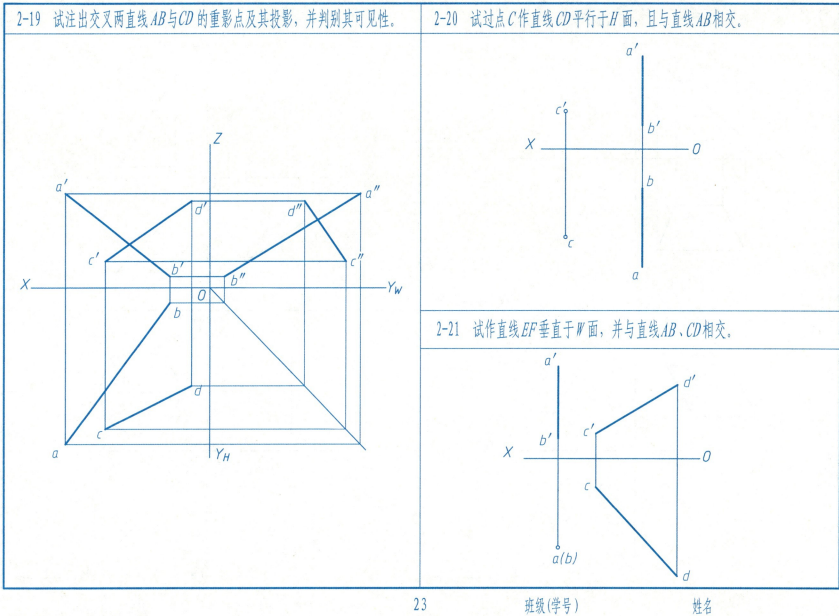

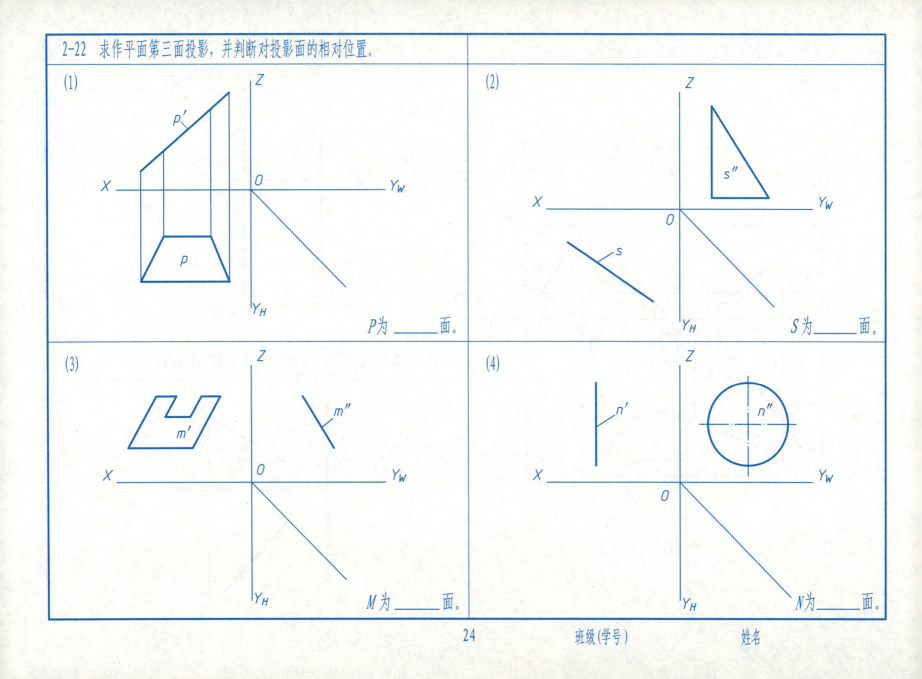

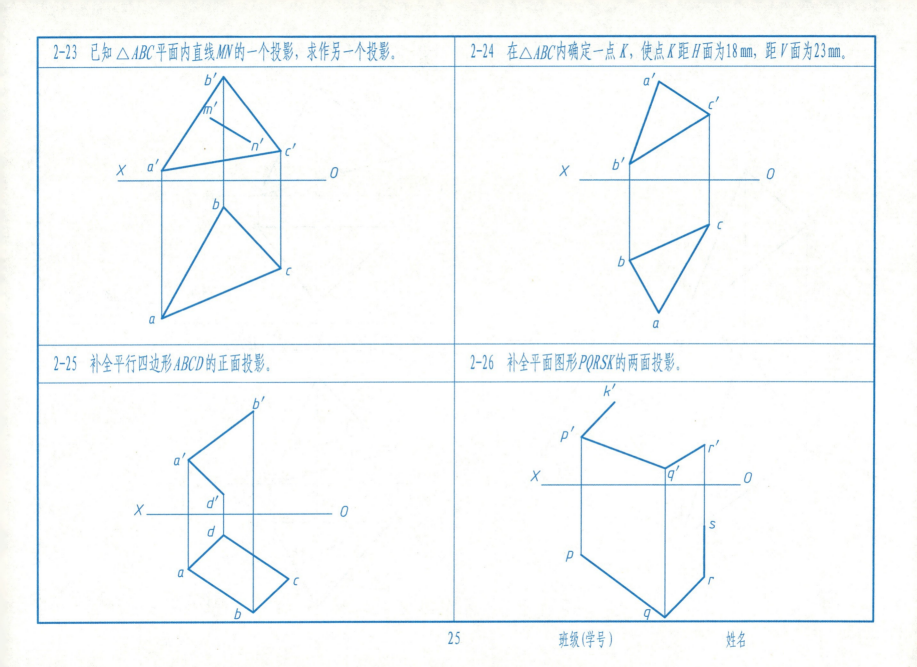

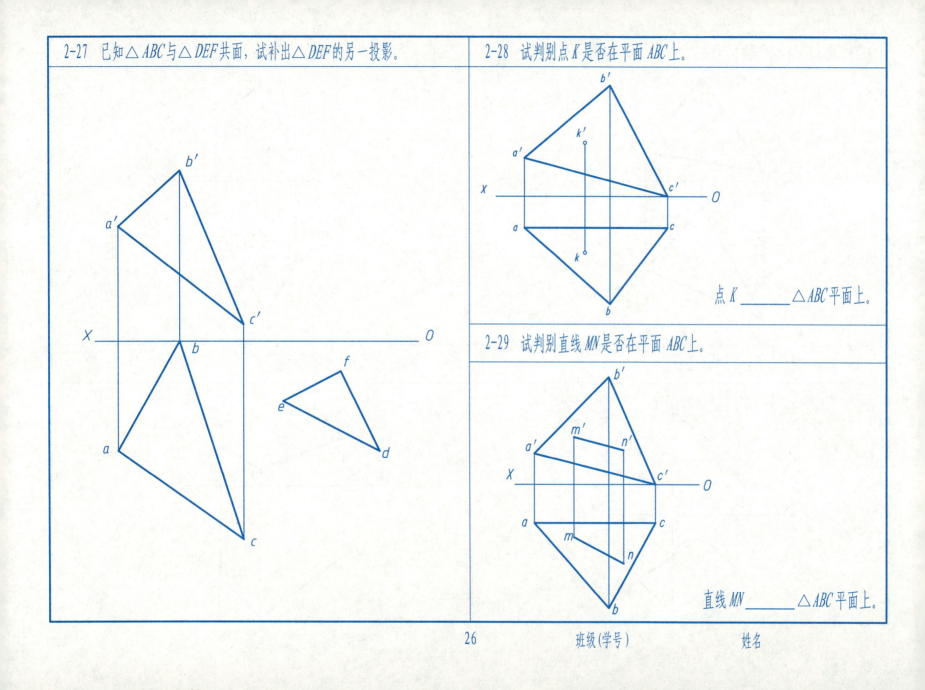

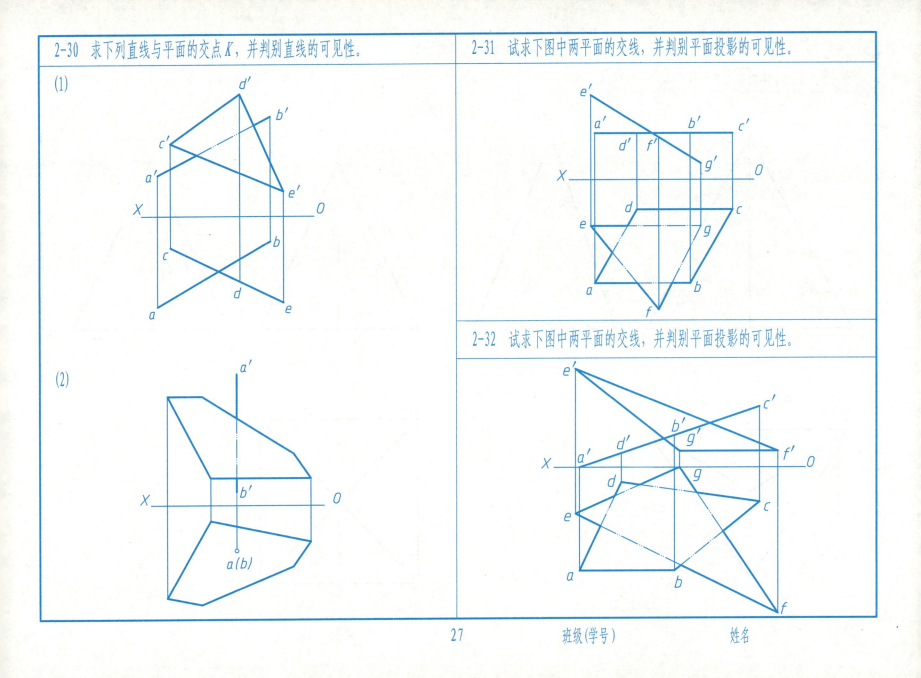

第3章 立体的投影

3-1 作出平面立体表面上点、线的另外两面投影。

(1)

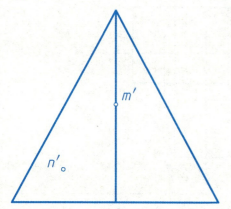

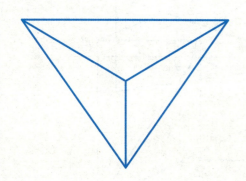

(2)

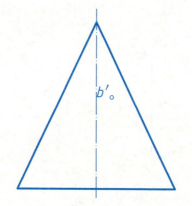

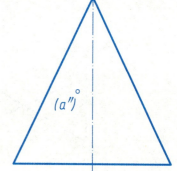

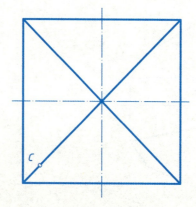

3-1 作出平面立体表面上点、线的另外两面投影。

(3)

(4)

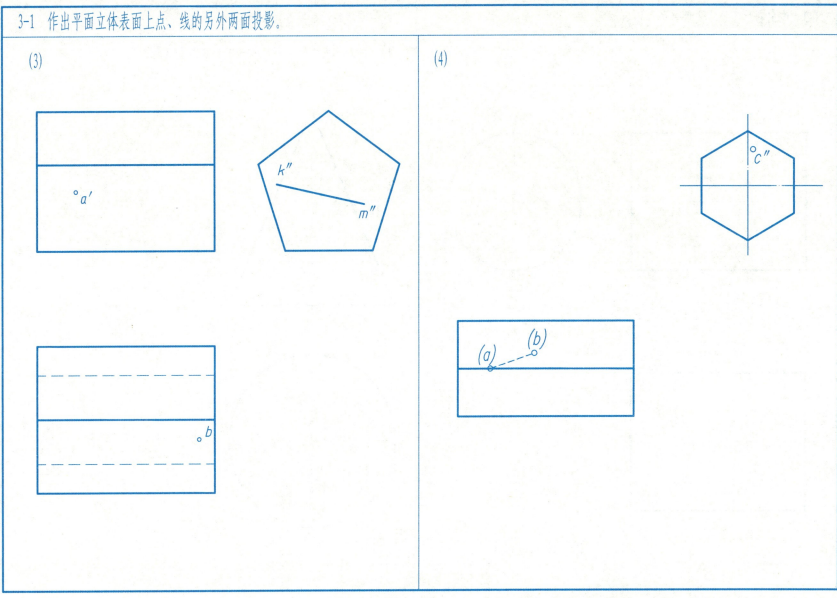

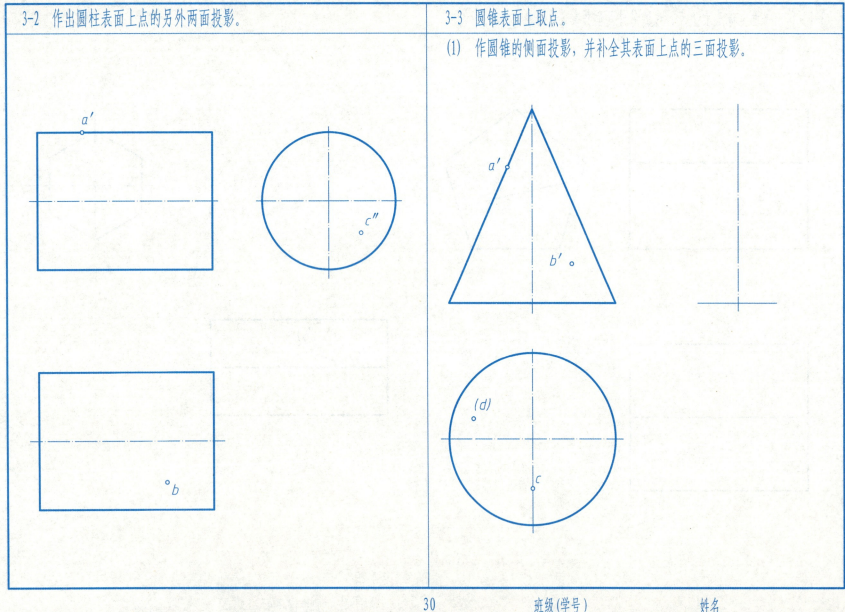

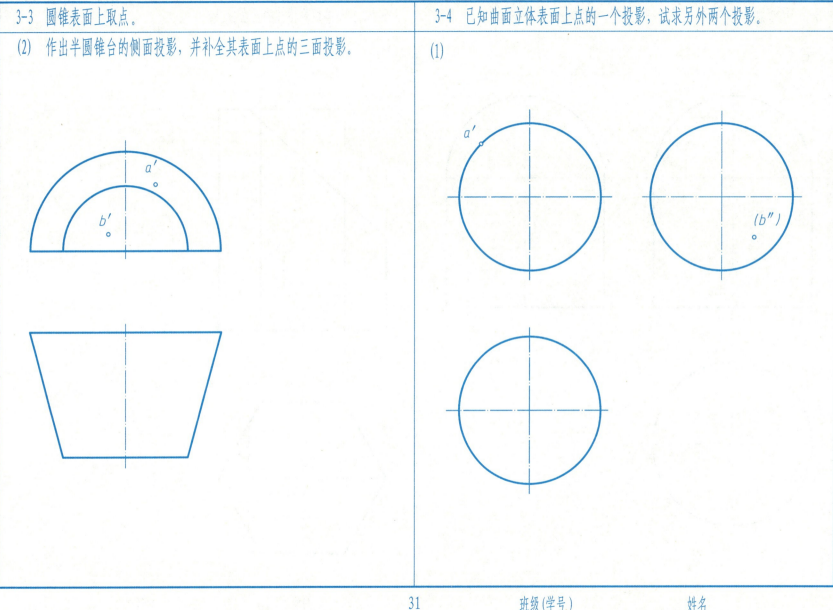

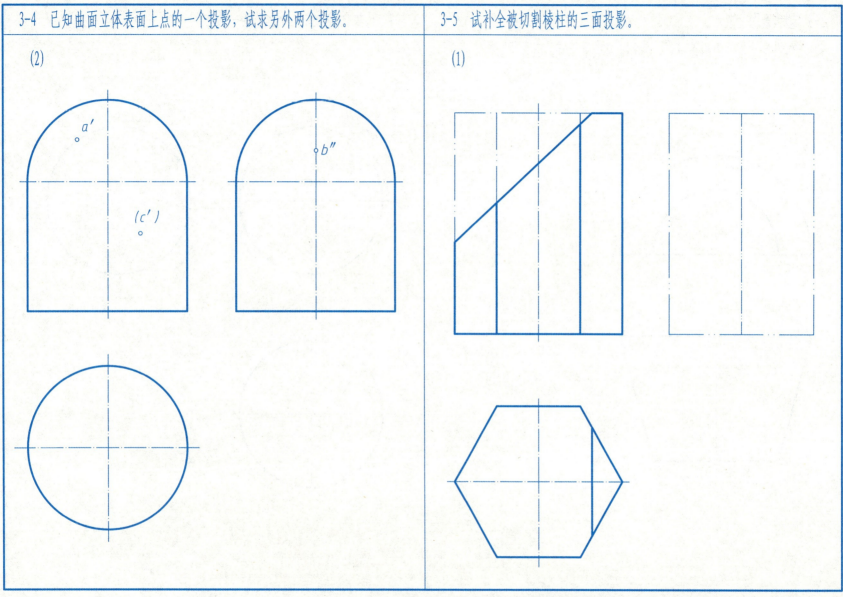

3-5 试补全被切割棱柱的三面投影。

(2)

(3)

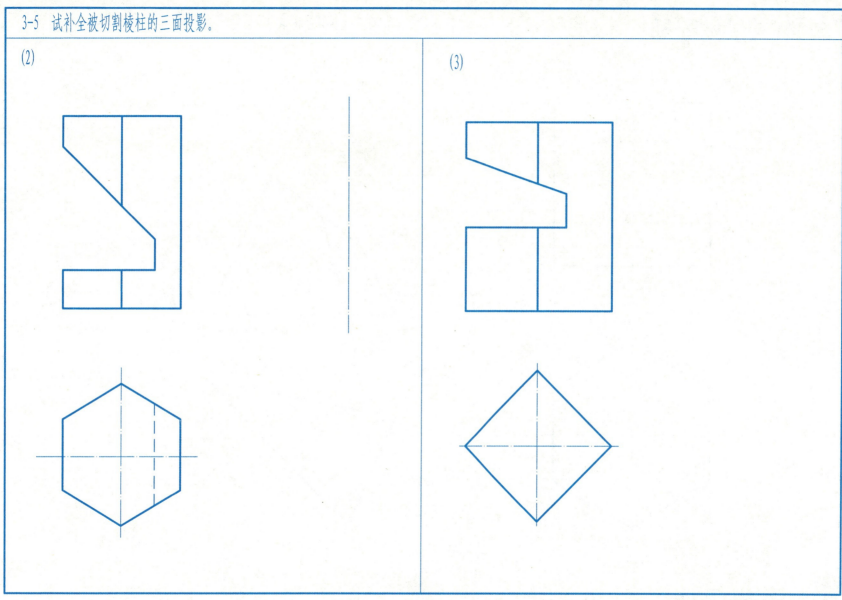

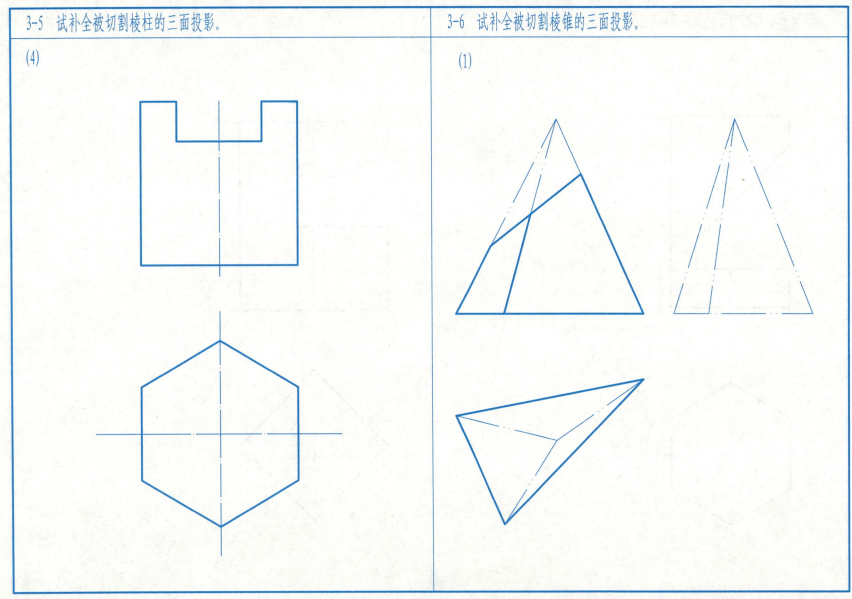

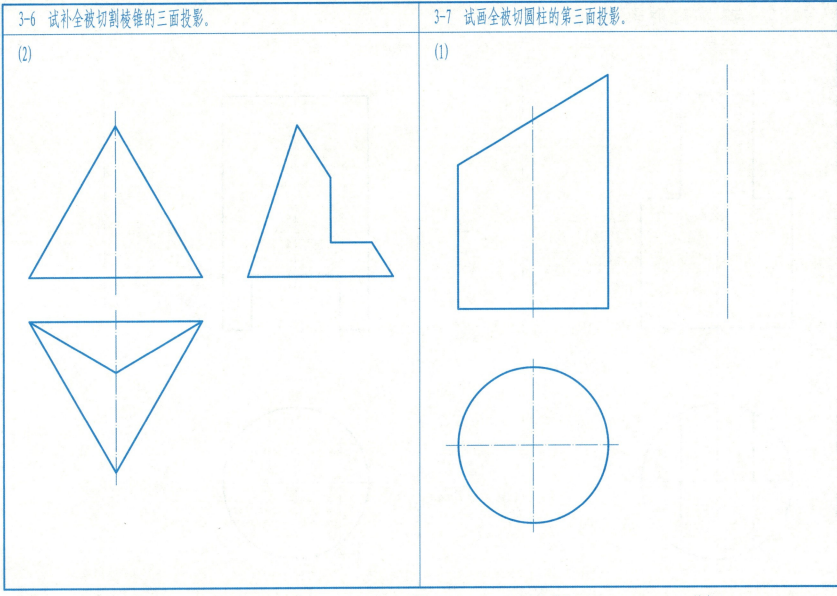

3-7 试画全被切圆柱的第三面投影。

(2)　　　　　　　　　　　　　　　　(3)

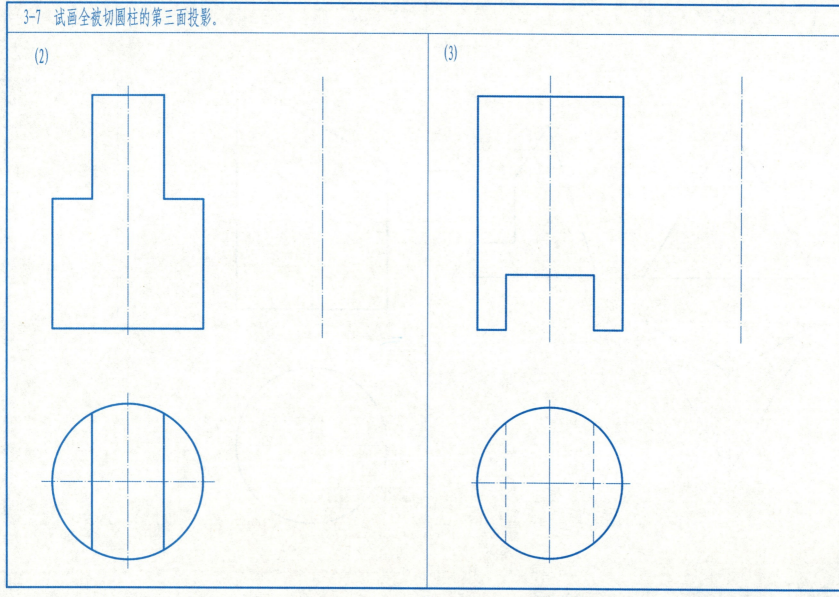

3-7 试画全被切圆柱的第三面投影。

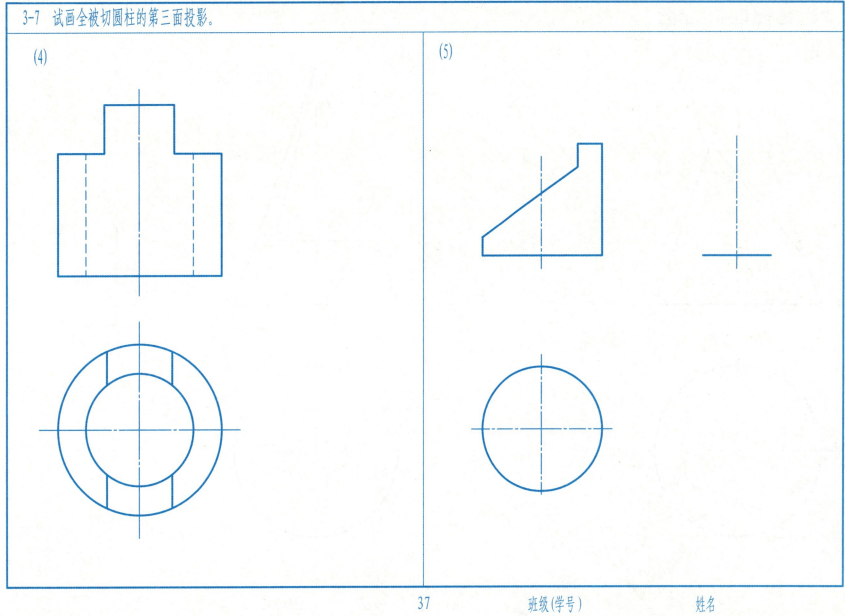

3-8 试画全被切圆锥的三面投影。

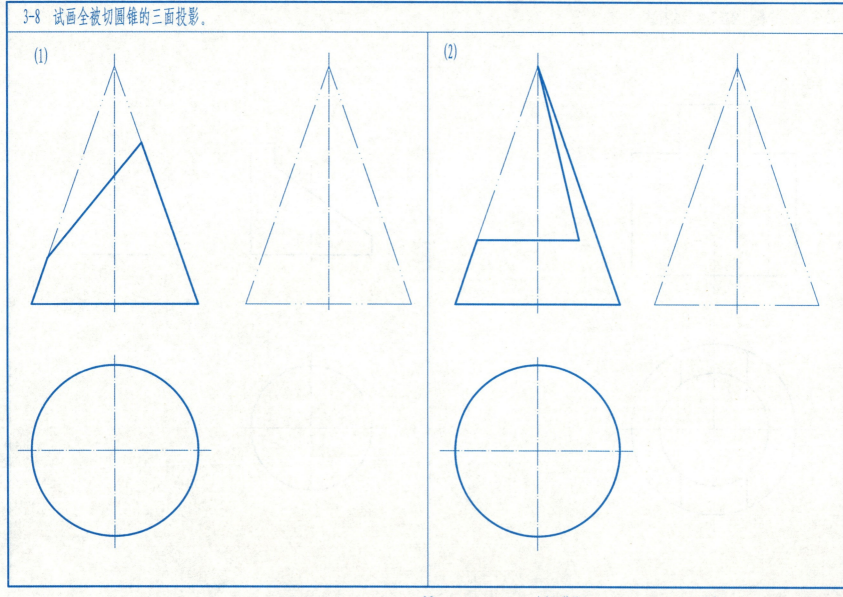

3-8 试画全被切圆锥的三面投影。

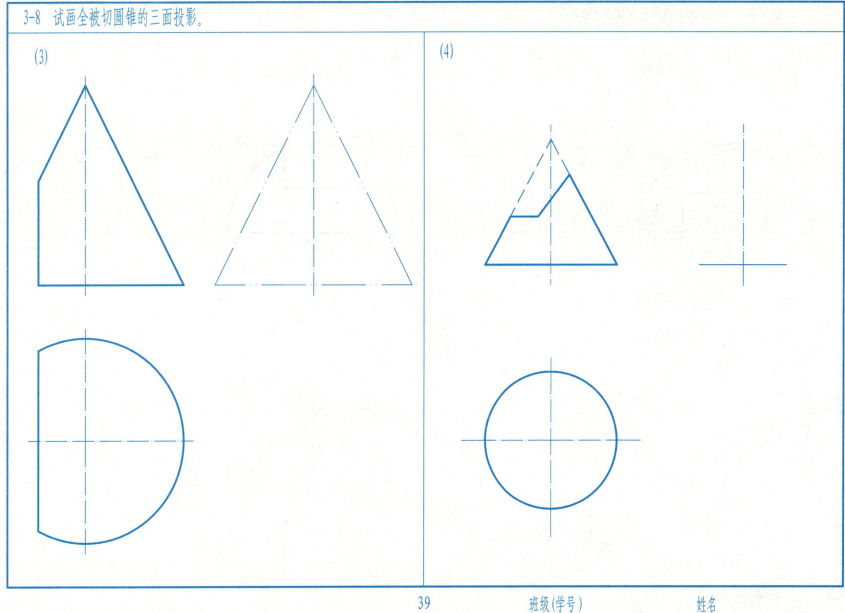

3-9 试画全被切半圆球的水平投影和侧面投影。

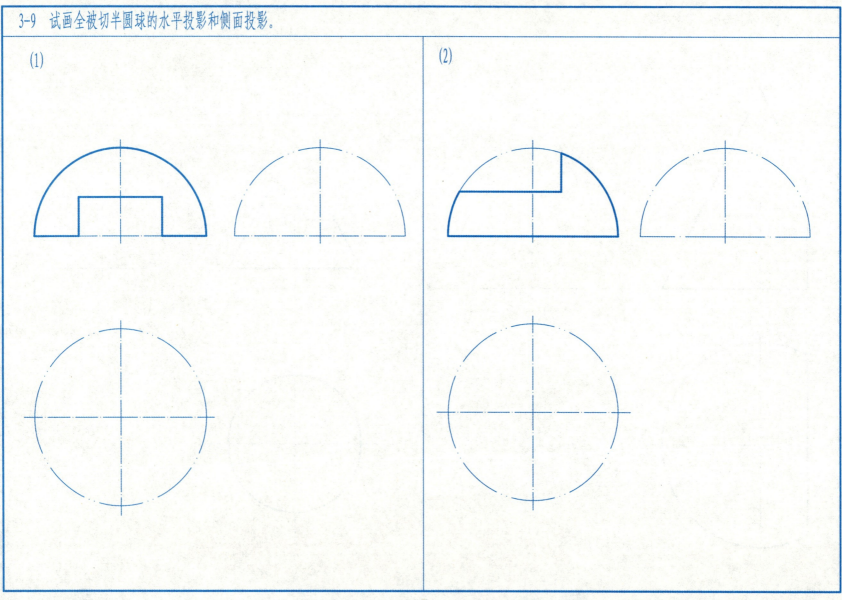

3-9 试画全被切半圆球的水平投影和侧面投影。

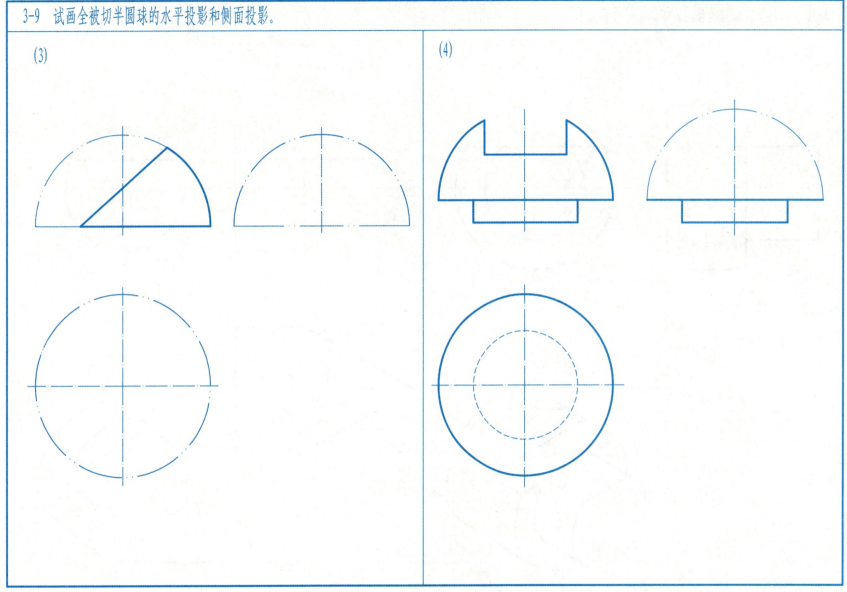

3-10 试画全被切割组合回转体的水平投影。

(1) (2)

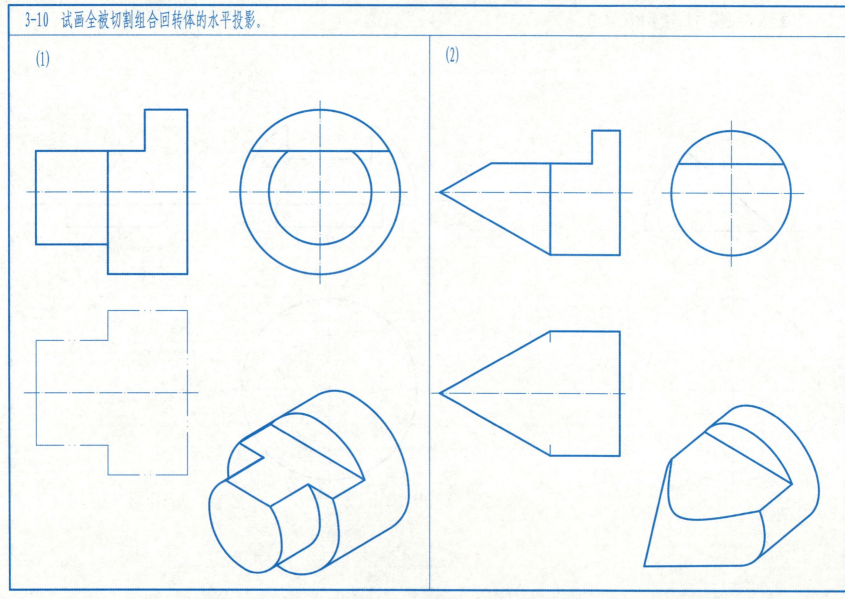

3-11 试分析下列物体的表面交线，并画全三面投影。

(1)

(2)

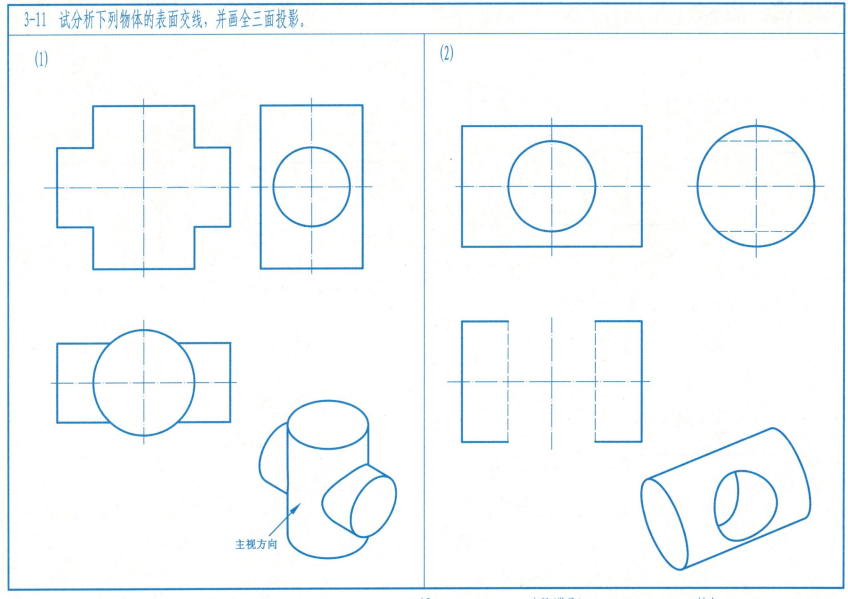

主视方向

3-11 试分析下列物体的表面交线，画全三面投影。

(3)

(4)

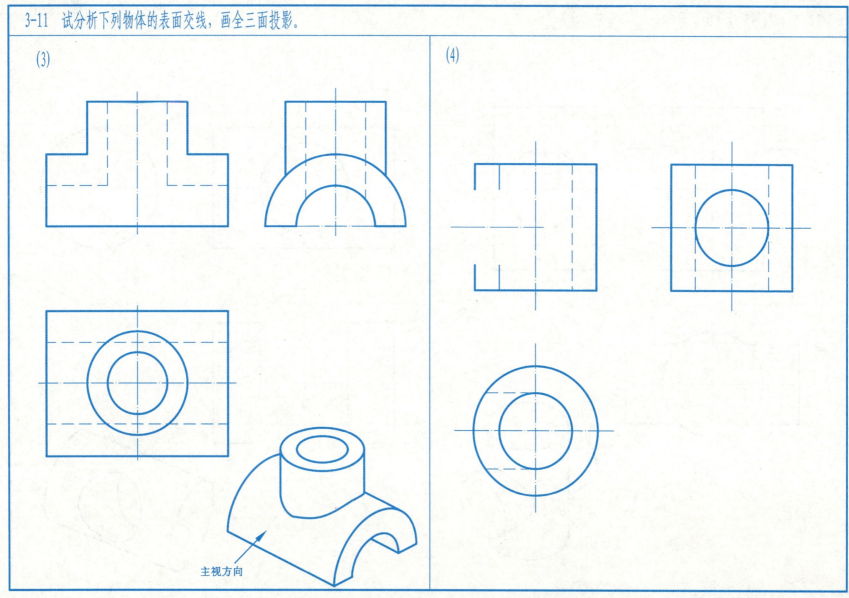

主视方向

44　　班级(学号)　　姓名

3-11 试分析下列物体的表面交线,并画全三面投影。

(5)

(6)

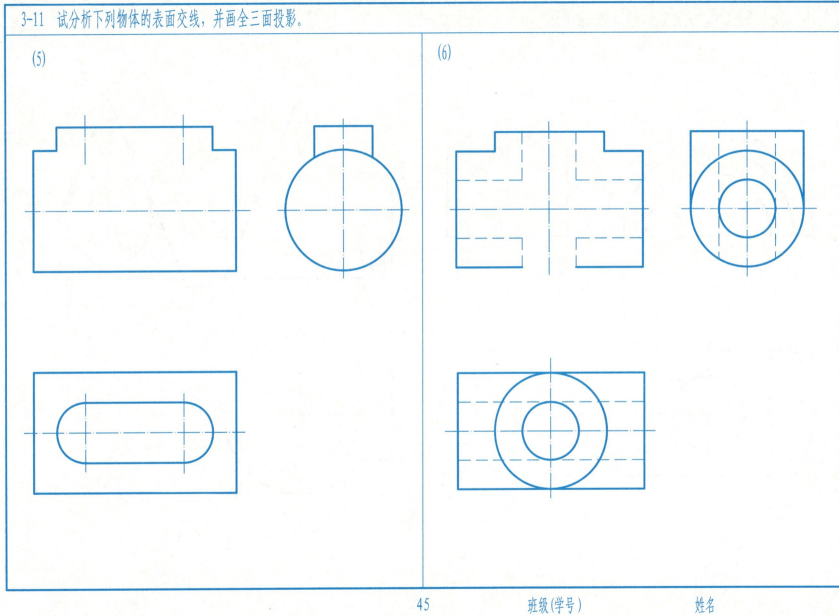

3-11 试分析下列物体的表面交线，并画全三面投影。

(7)　　　　　　　　　　　　　　　　(8)

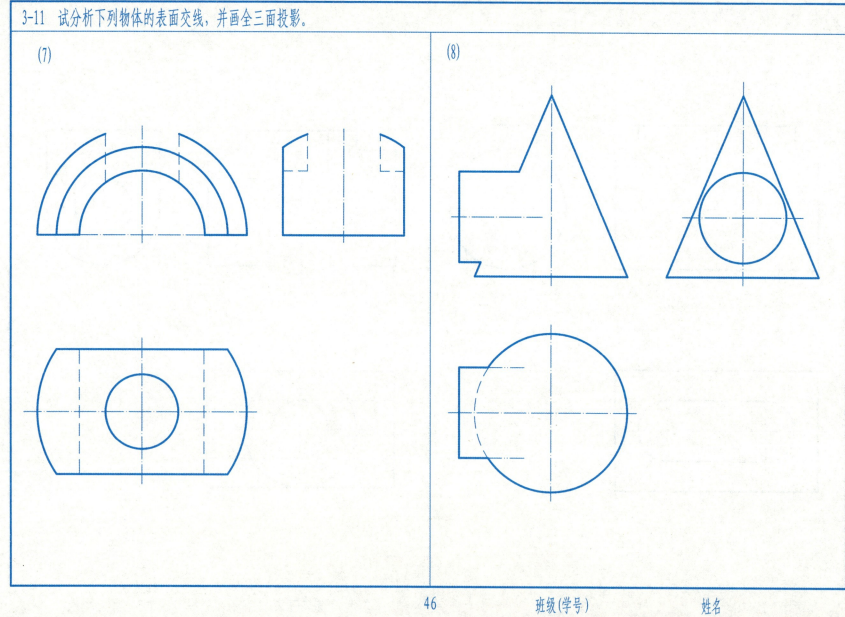

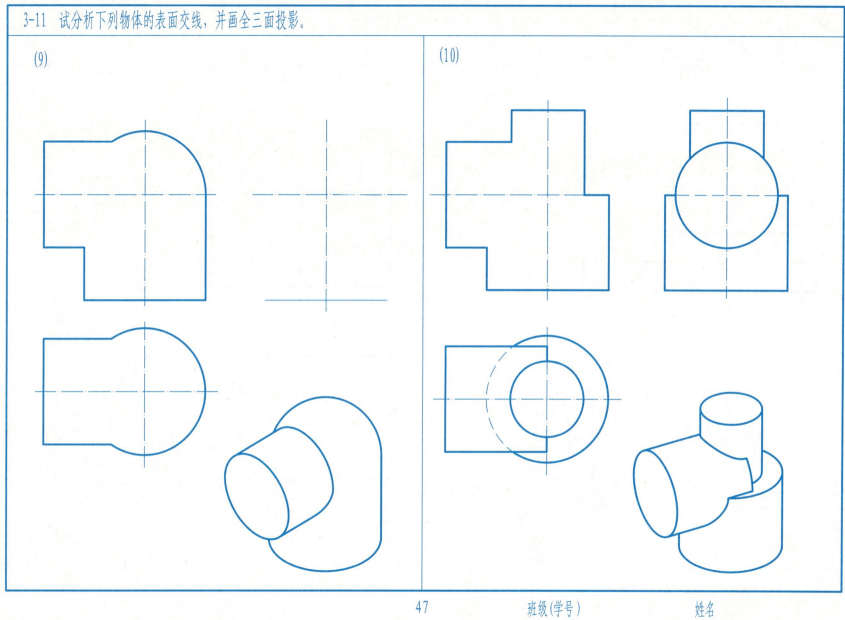

第4章 组合体三视图及尺寸标注

4-1 参照立体图,补全组合体的三视图。

(1)

(2)

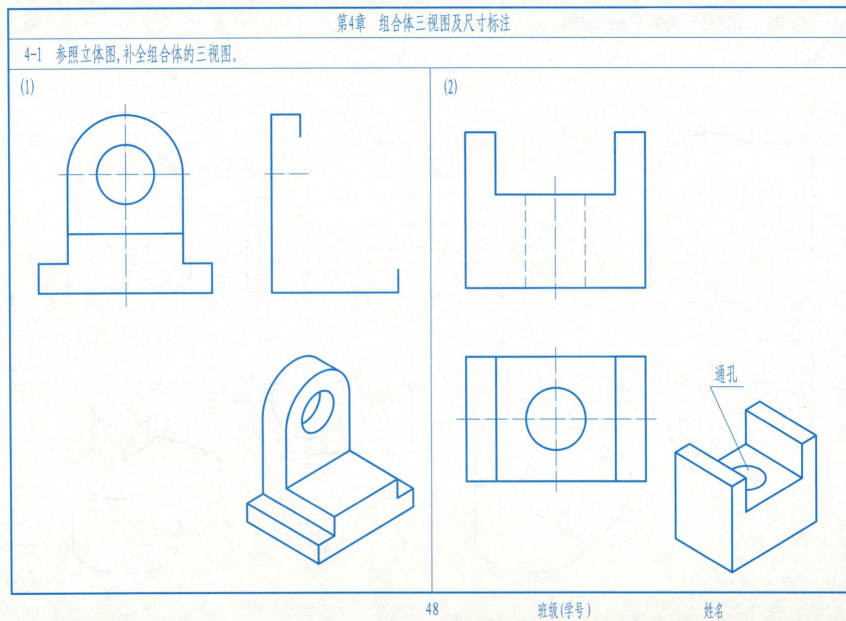

4-1 参照立体图，补全组合体的三视图。

(3)

(4)

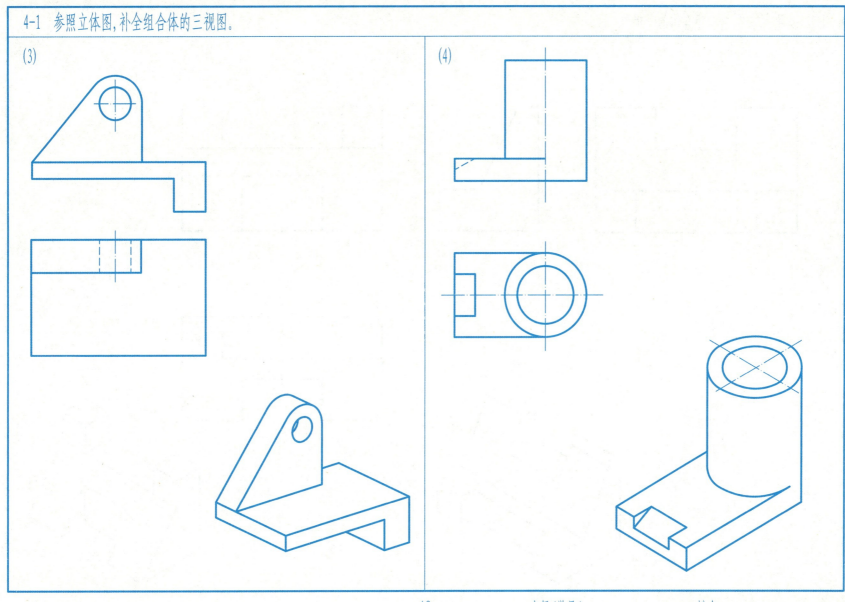

49 班级(学号) 姓名

4-1 参照立体图，补全组合体的三视图。

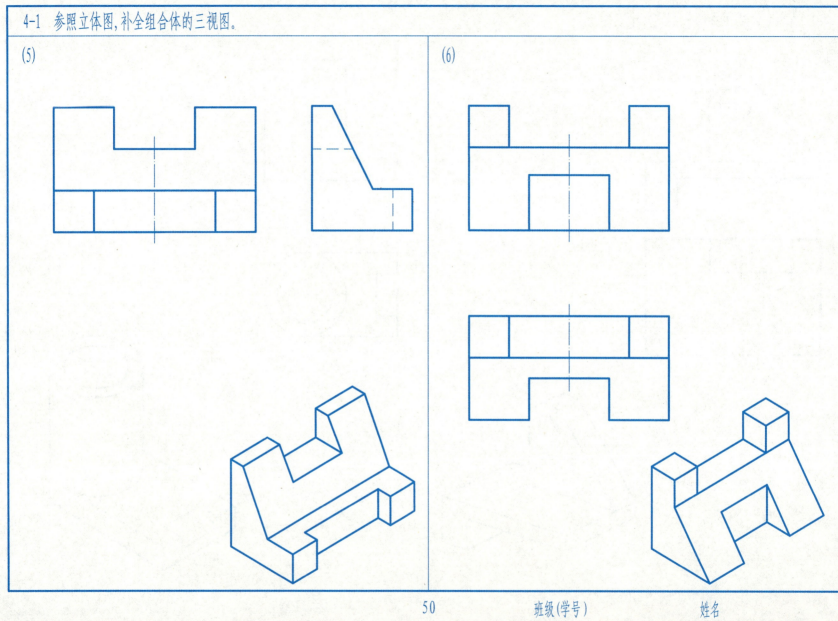

4-2 补全视图中缺漏的图线。

(1) (2)

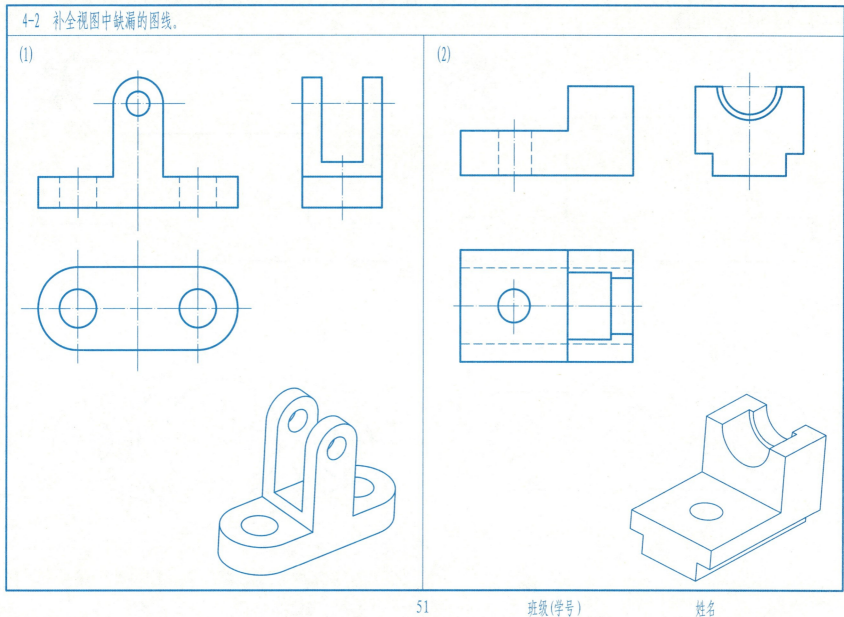

4-2 补全视图中缺漏的图线。

(3)

(4)

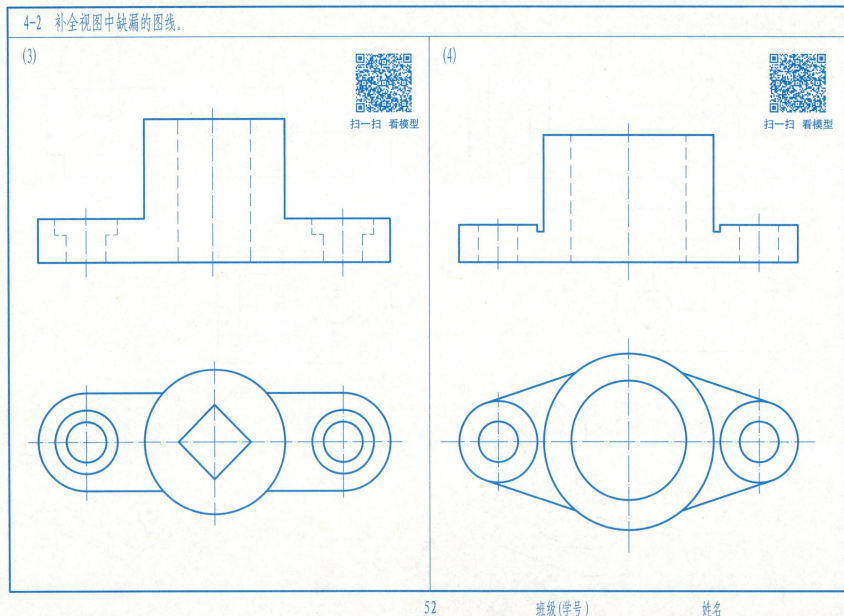

扫一扫 看模型

52　班级(学号)　姓名

4-2 补全视图中缺漏的图线。

(5)

(6)

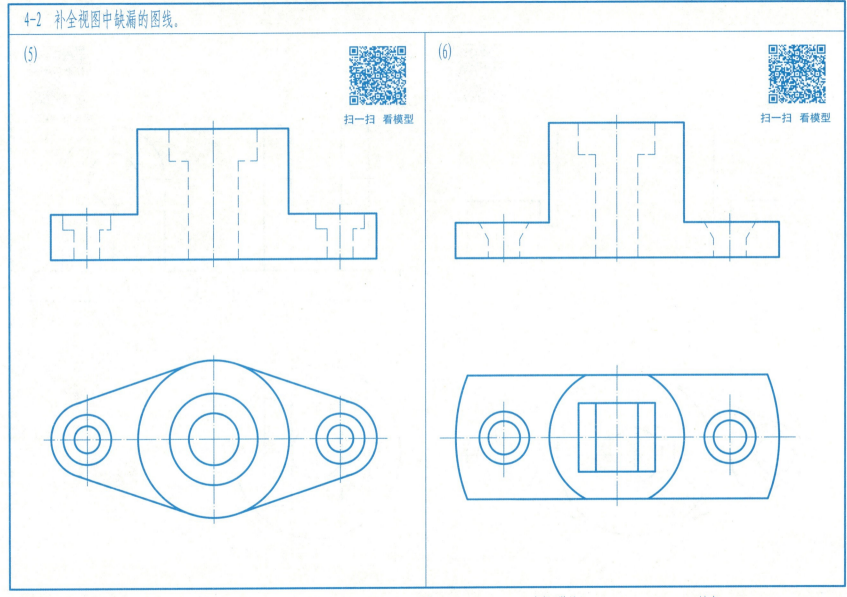

扫一扫 看模型

4-2 补全视图中缺漏的图线。

(7) 扫一扫 看模型

(8) 扫一扫 看模型

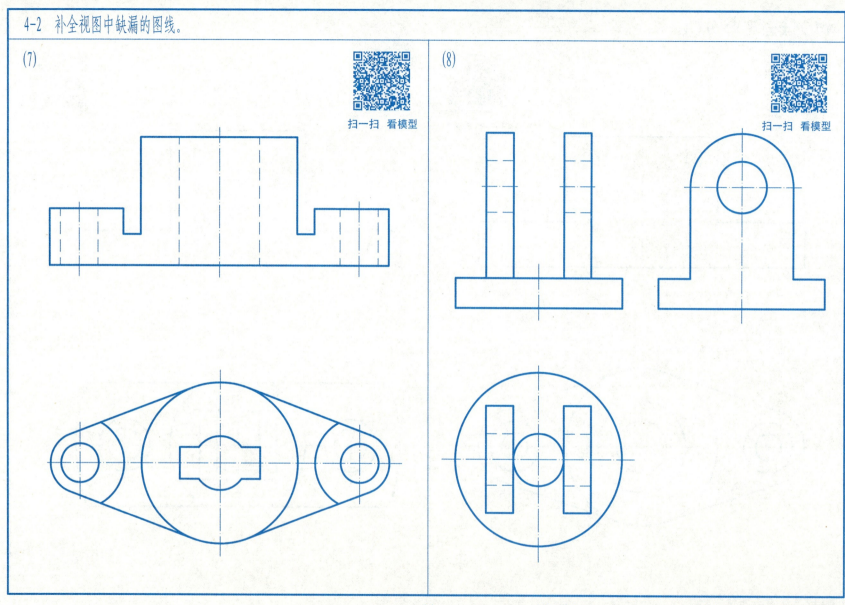

第2次大作业　画组合体三视图

一、作业内容

根据轴测图（选择其中一个分题），自选比例画组合体的三视图。

二、作业目的

1. 学习运用形体分析方法，分析组合体的结构形状，画组合体的三视图。

2. 学会布置三视图的方法。

三、作业指示

1. 对所画组合体进行形体分析，图中指定方向为主视图的投射方向。

2. 画投影图前，先确定三个视图的位置。采用A3幅面图纸，横放。为了使布图匀称、美观，应当考虑标注尺寸需要的位置以及两个视图之间、视图与图框之间的间距，合理分配两个方向的空余，确定各个视图的位置（画出三个视图的基准线）。

3. 在分析组合体的基础上，将每个形体的三个视图联系起来画，不要一个视图一个视图地分别画。

4. 图名填"组合体三视图"，图号填"02.01"（02—第2次大作业；01—分题号）。

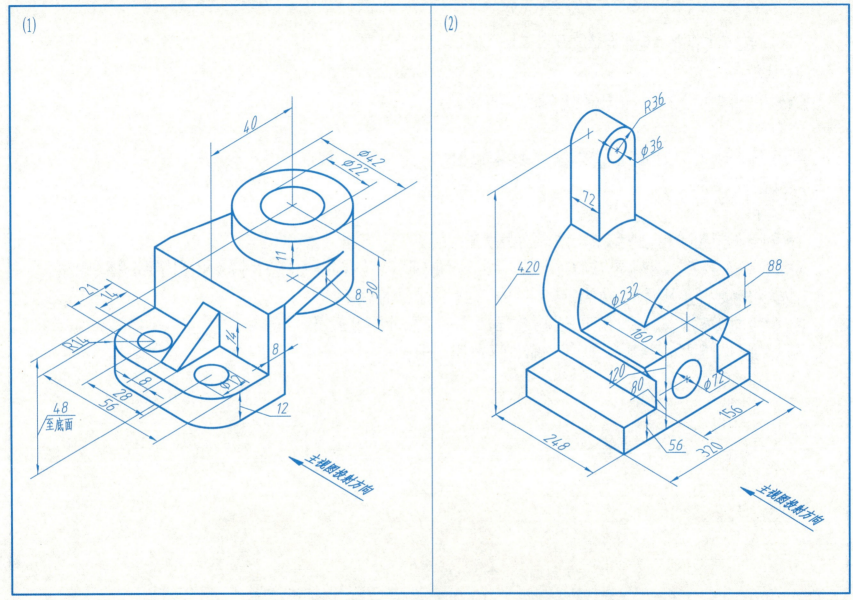

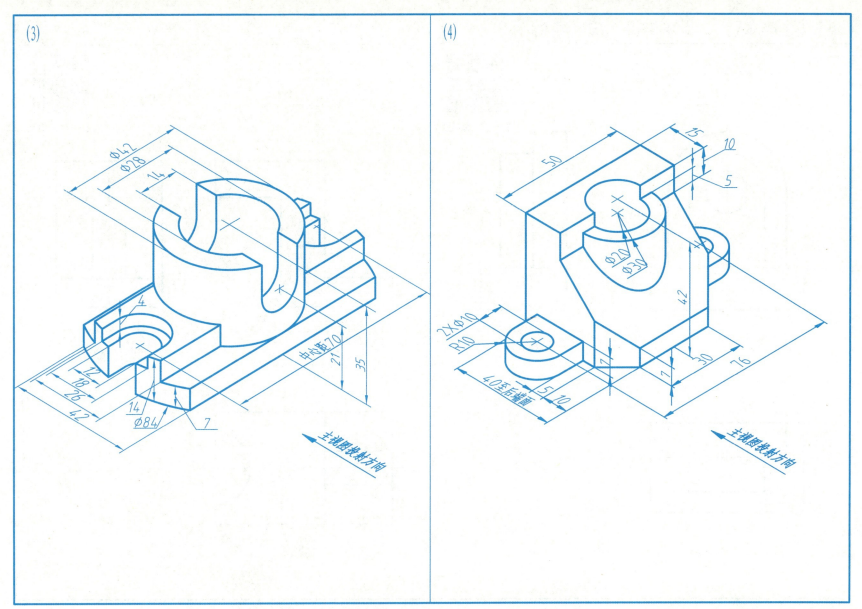

4-3 标注组合体尺寸。(尺寸数值从图上量取,取整数)

(1) 扫一扫 看模型

(2) 扫一扫 看模型

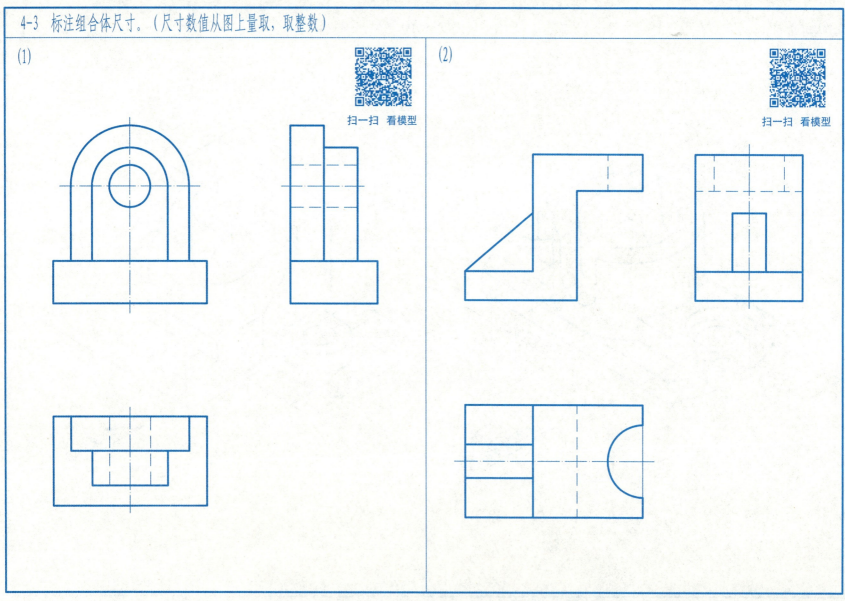

4-3 标注组合体尺寸。(尺寸数值从图上量取,取整数)

(3)

(4)

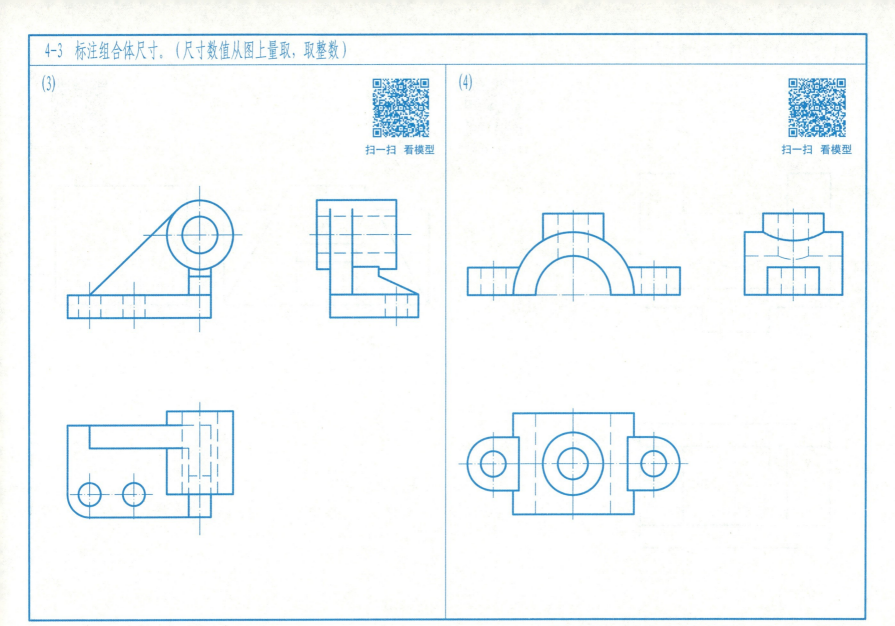

4-4 已知组合体的两个视图,补画第三视图。

(1) 扫一扫 看模型

(2) 扫一扫 看模型

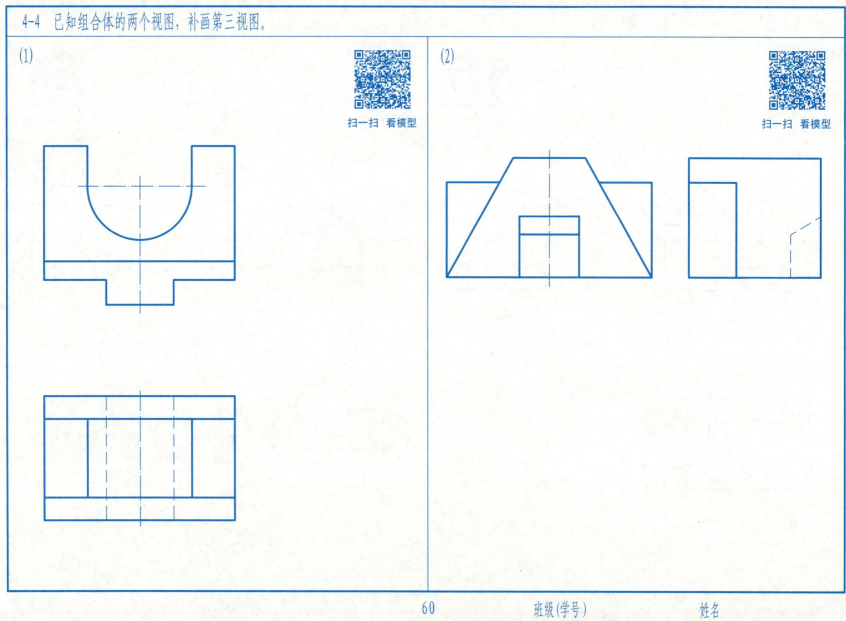

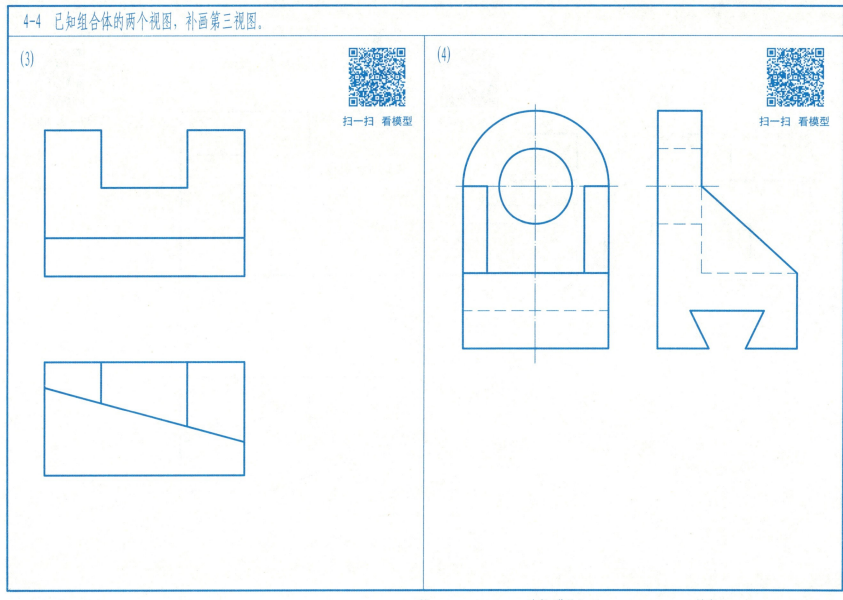

4-4 已知组合体的两个视图，补画第三视图。

(5)

(6)

扫一扫 看模型

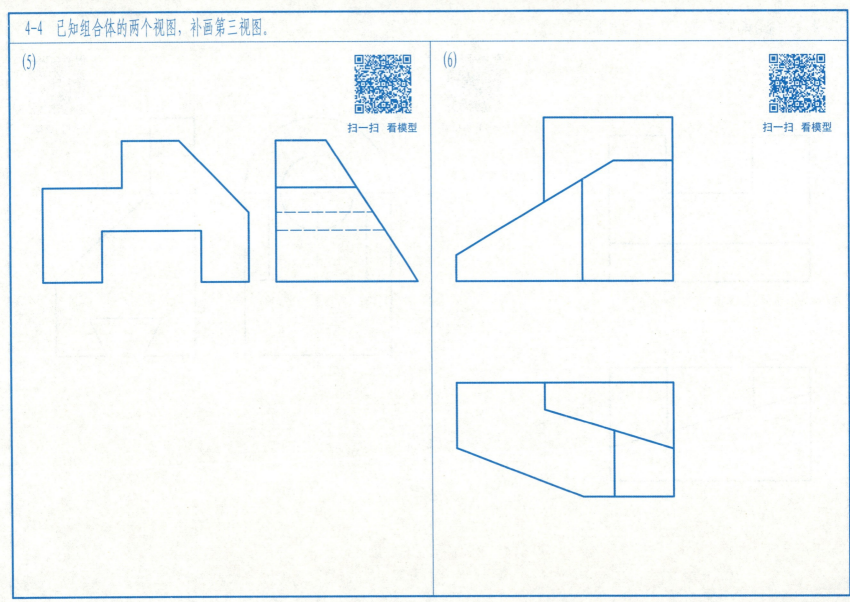

第3次大作业 组合体尺寸标注

一、作业内容

根据两个视图（选择其中一个分题），画出第三个视图，并标注尺寸。

二、作业目的

1. 学会运用已给的两个视图，用形体分析法和线面分析法，想象出空间形状，补画出第三个视图，标注出组合体的尺寸。
2. 学会分析和绘制相贯线和截交线，进一步提高看图能力和画图能力。

三、作业指示

1. 根据给出的两个视图，分析组合体的构型，想象出组合体的空间形状。
2. 在对组合体进行形体分析和线面分析时，应注意分析那些形体邻接表面间所产生的交线（相贯线和截交线），并正确地画出交线。
3. 根据给出的尺寸，按第2次大作业的布图方法，采用A3幅面图纸，横放，考虑标注尺寸的位置，画出三个视图。
4. 尺寸标注要完整、清晰，符合国家标准。
5. 图名填"组合体尺寸标注"，图号填"03.01"或"03.02"（03—第3次大作业；01—分题号）。

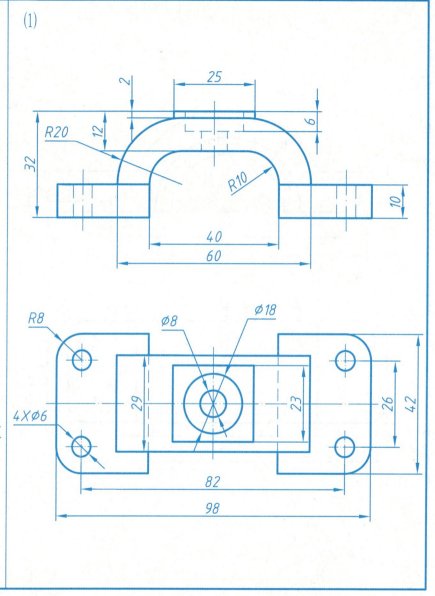

(1)

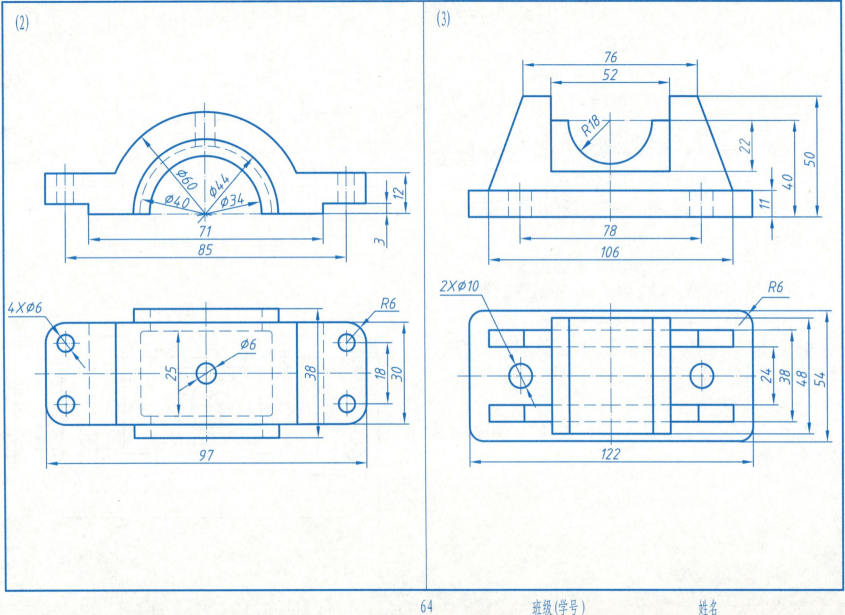

第5章 轴测图

5-1 根据给定的视图，在指定位置画出组合体的正等轴测图。

(1)

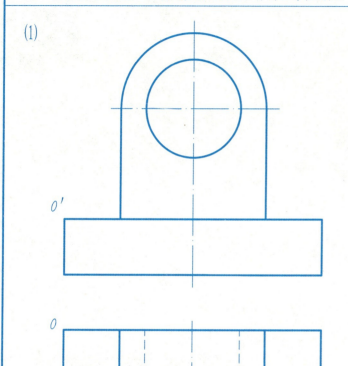

扫一扫 看模型

5-1 根据给定的视图，在指定位置画出组合体的正等轴测图。

(2)

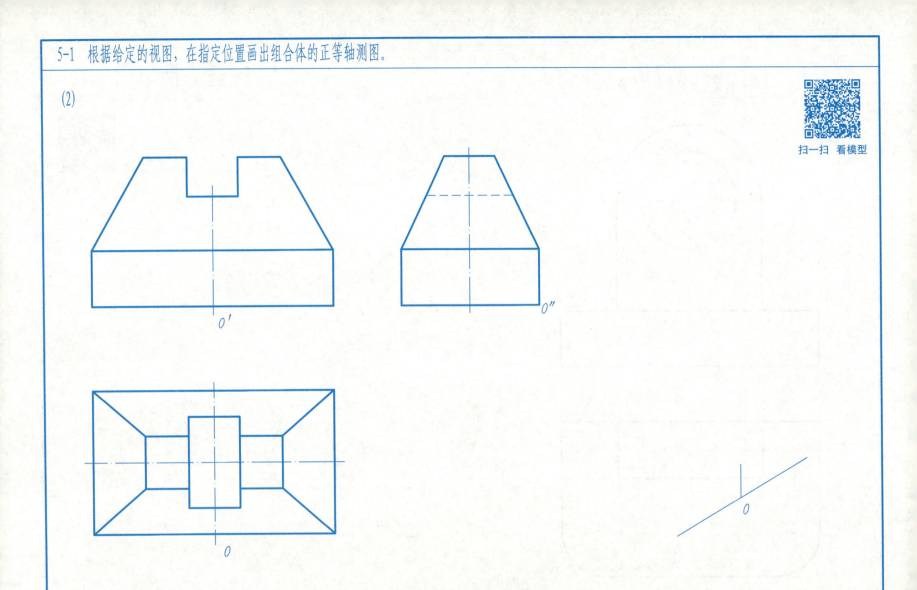

5-1 根据给定的视图，在指定位置画出组合体的正等轴测图。

(3)

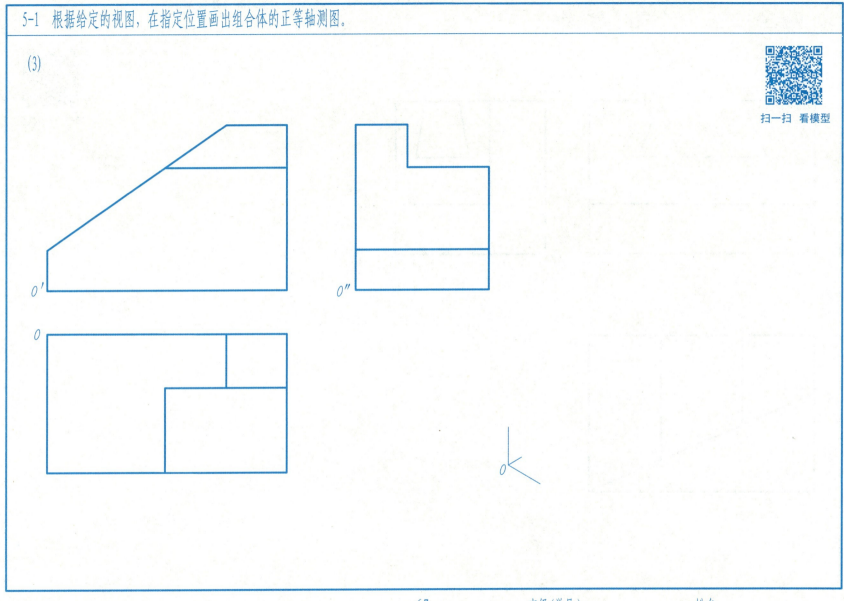

5-2 根据组合体三视图，在指定位置画出其斜二测图。

(1)

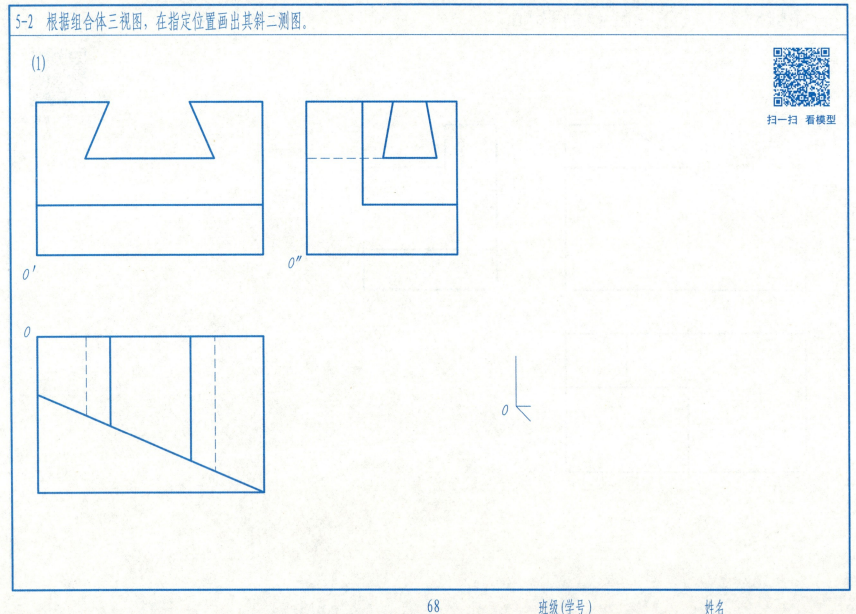

5-2 根据组合体三视图，在指定位置画出其斜二测图。

(2)

第4次大作业 组合体轴测图

一、作业内容

根据所给视图（选择其中一个分题），自选比例画出组合体正等轴测图。

二、作业目的

学会运用各种画轴测图的方法，由三视图画轴测图，要求正确画出形体间的交线。

三、作业指示

1. 在组合体的投影图上建立坐标体系（坐标原点的选择要方便轴测图的绘制）。

2. 采用A3图纸，横放。

3. 沿轴测轴先画出组合体中较大的形体，再一个形体接着一个形体地画出。

4. 图名填"组合体轴测图"，图号填"04.01"（04—第4次大作业；01—分题号）。

(1)

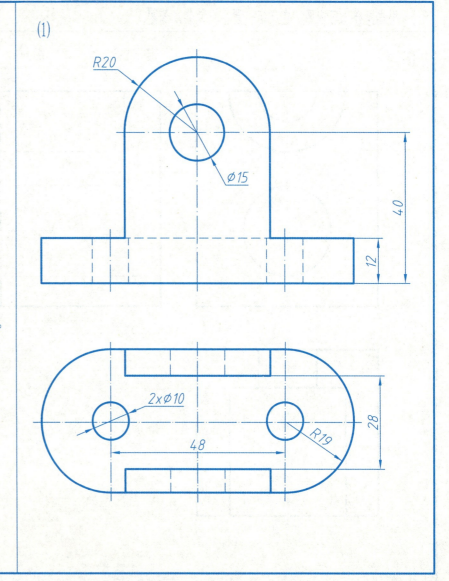

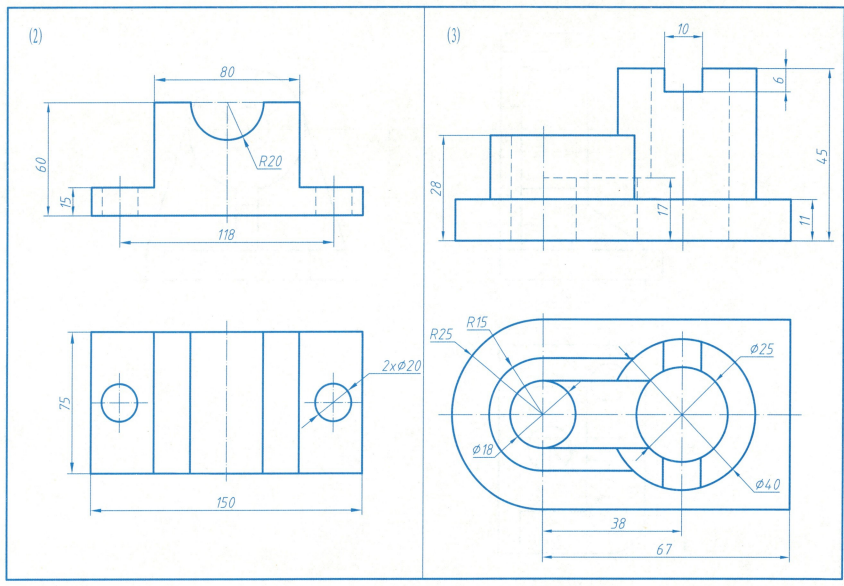

(4)

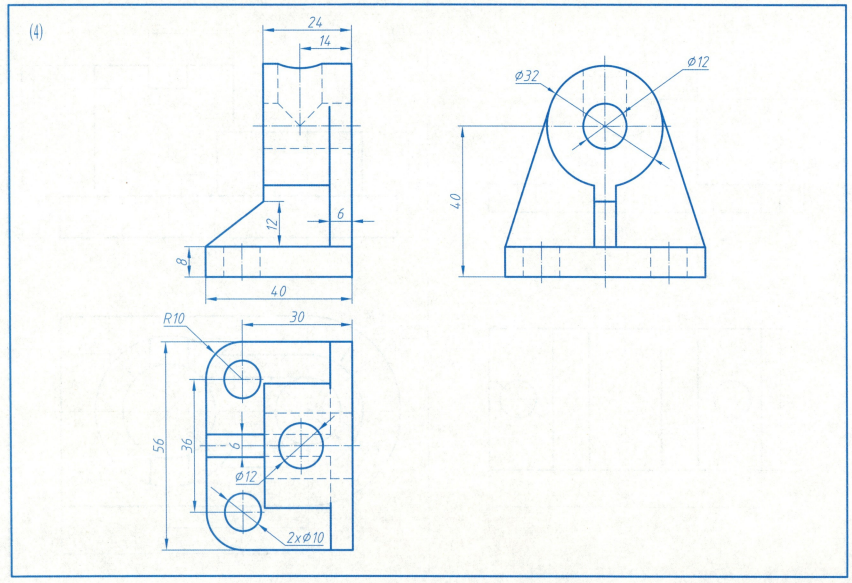

第6章 机件常用的表达方法

6-1 视图练习。

(1) 参照立体图补画出其余三个基本视图。

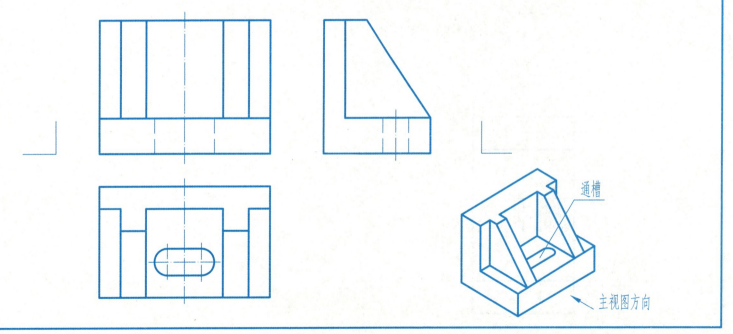

6-1 视图练习。

(2) 在指定位置作出各个向视图。

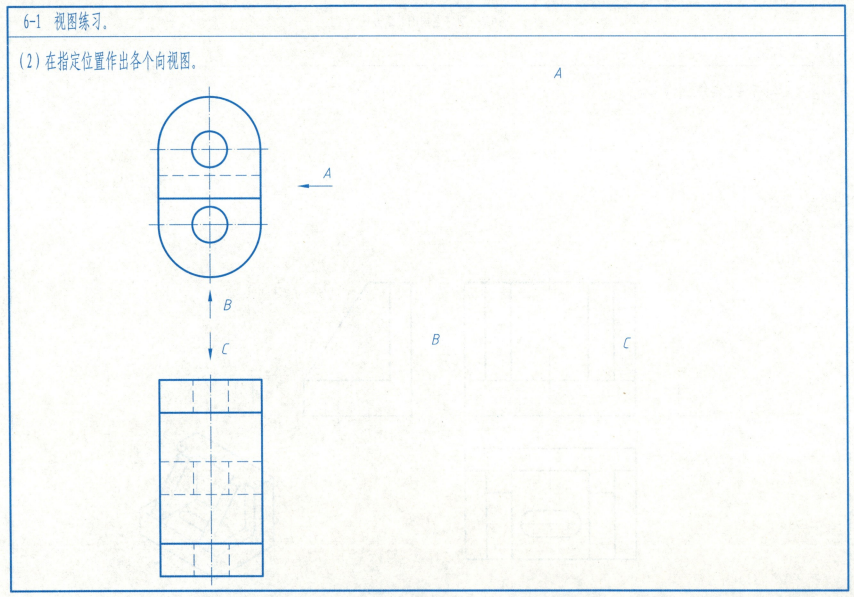

6-2 画出A向斜视图和B向局部视图。

(1) 在指定位置作A向斜视图和B向局部视图。

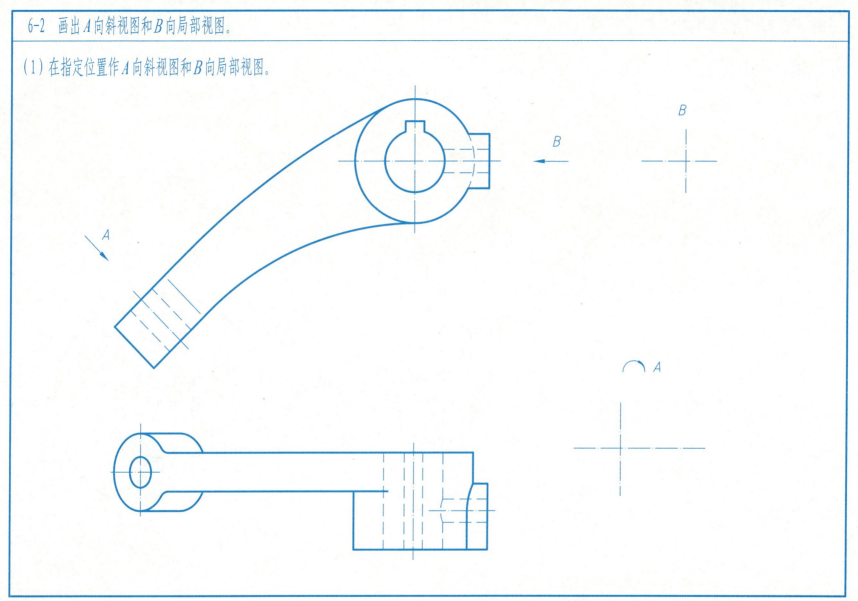

6-2 画出A向斜视图和B向局部视图。

(2) 在指定位置作A向斜视图和B向局部视图。

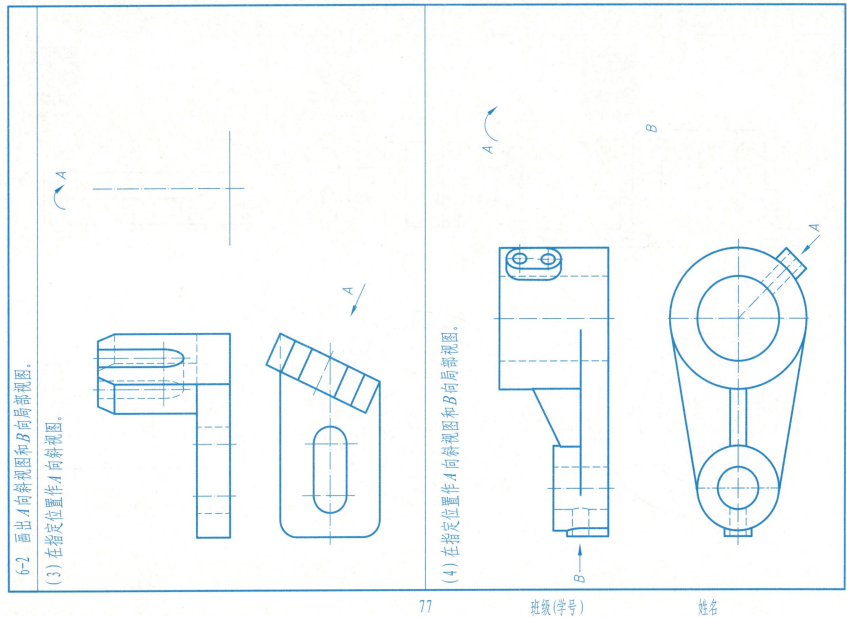

6-3 补画出全剖主视图中漏画的图线。

(1) 扫一扫 看模型

(2) 扫一扫 看模型

(3) 扫一扫 看模型

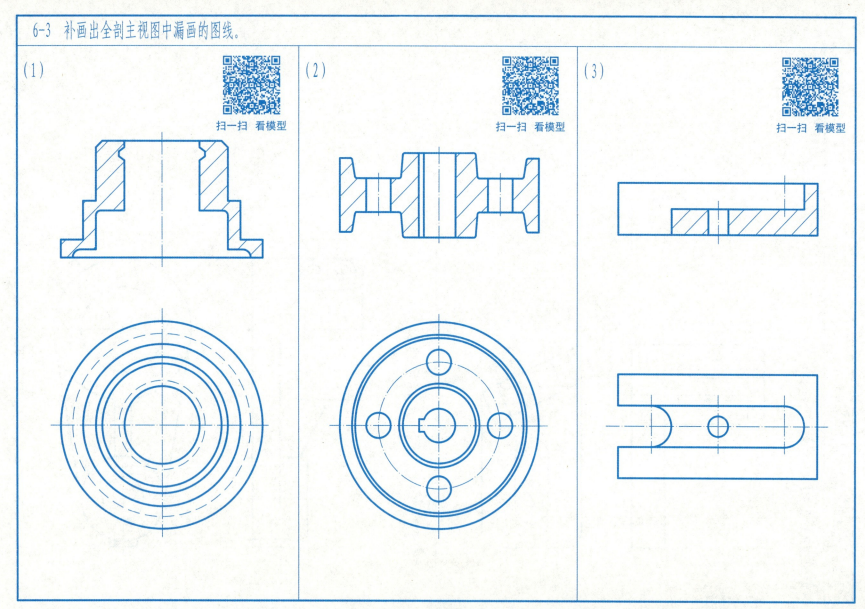

6-3 补画出全剖主视图中漏画的图线。

(4)

(5)

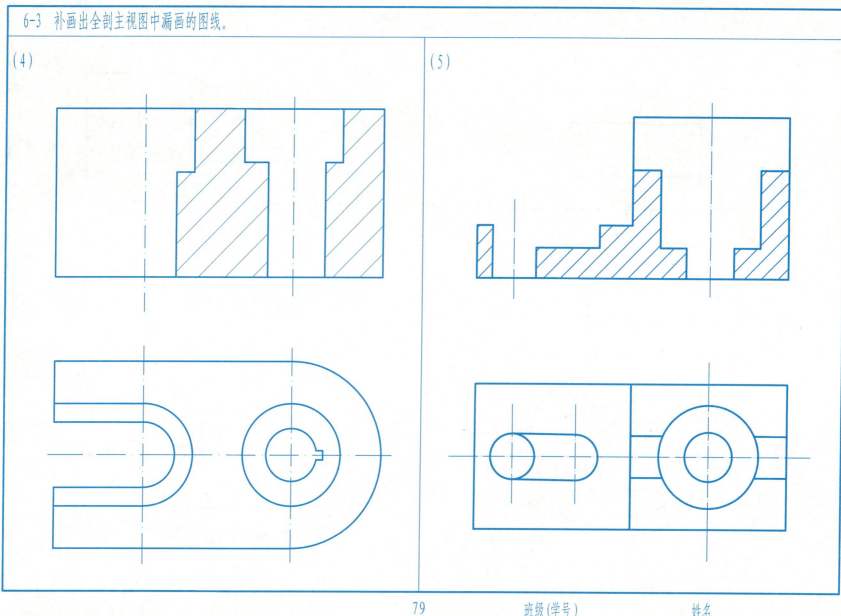

6-4 用单一剖切平面剖切机件，在指定位置将相应视图画成全剖视图（要求作出完整的标记）。

(1)

(2)

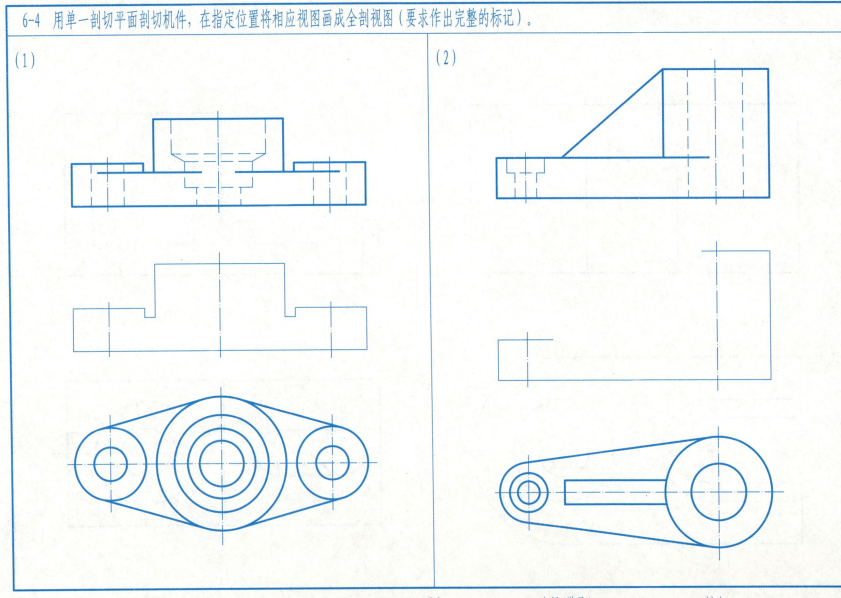

6-4 用单一剖切平面剖切机件，在指定位置将相应视图画成全剖视图（要求作出完整的标记）。

(3)

(4)

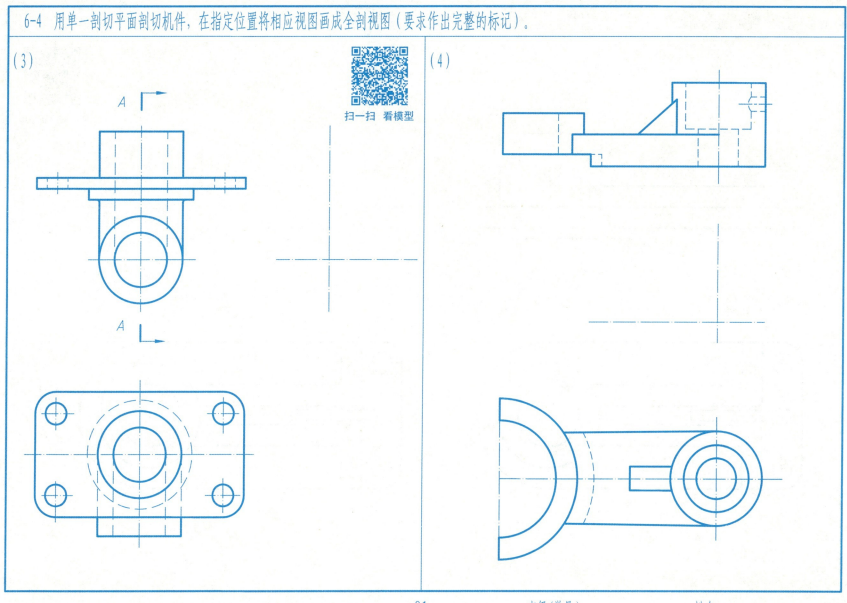

6-4 用单一剖切平面剖切机件，在指定位置将相应视图画成全剖视图（要求作出完整的标记）。

(5)

6-5 用平行平面剖切机件的练习。

(1) 在指定位置将主视图画成全剖视图。

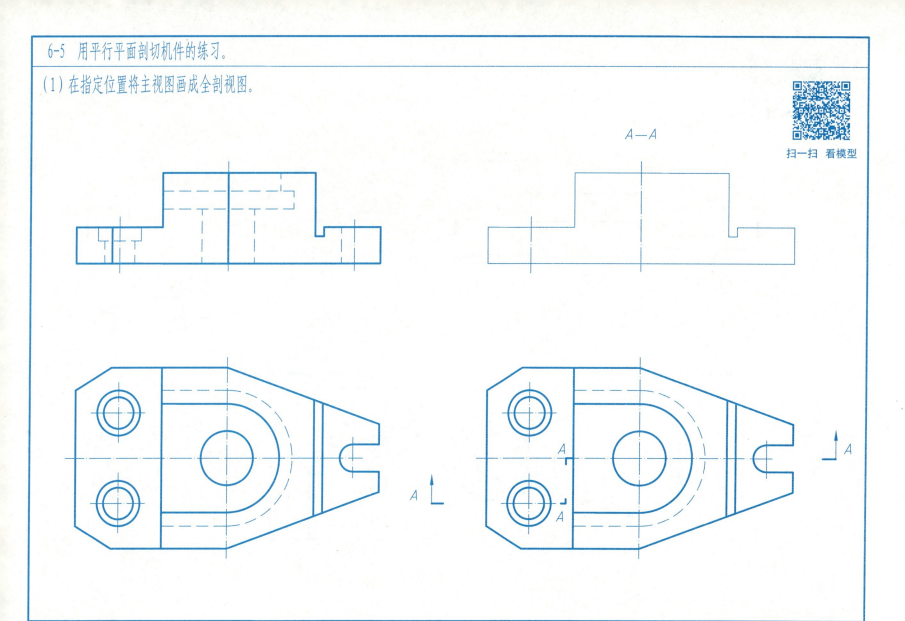

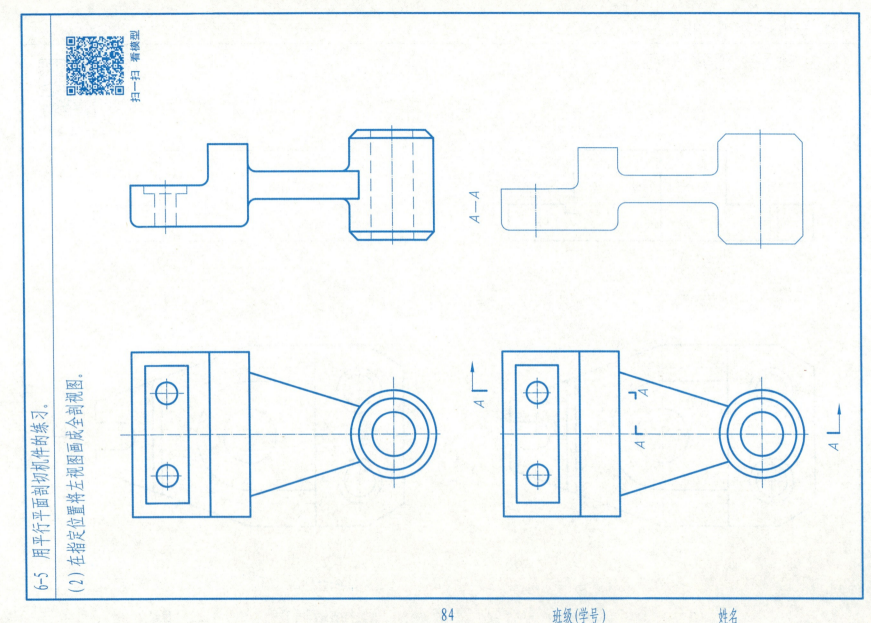

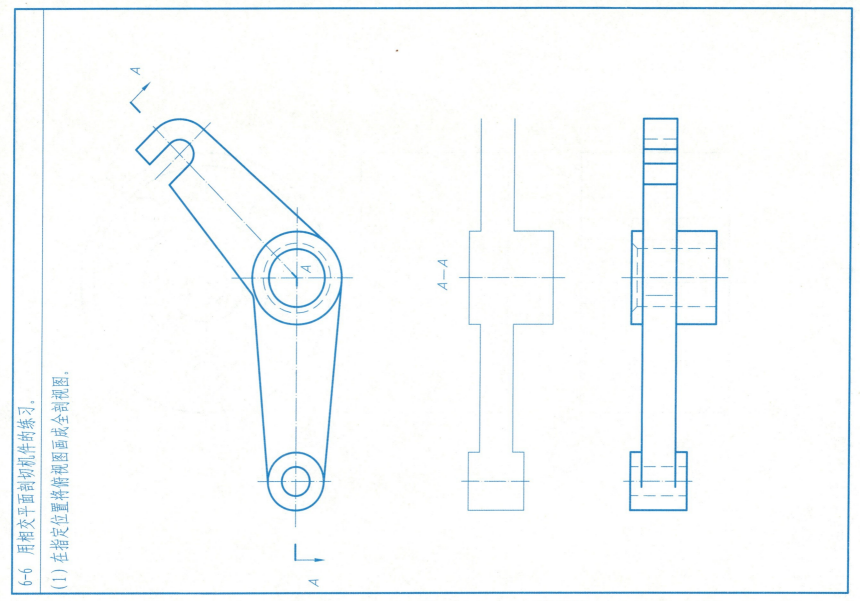

6-6 用相交平面剖切机件的练习。

(1) 在指定位置将俯视图画成全剖视图。

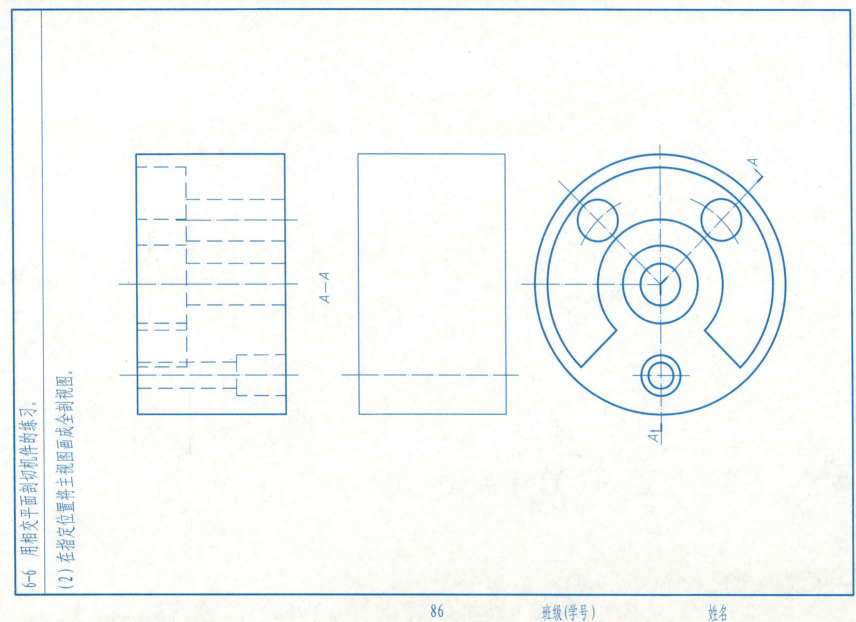

6-6 用相交平面剖切机件的练习。

(3) 在指定位置将左视图画成全剖视图,并进行完整标注。

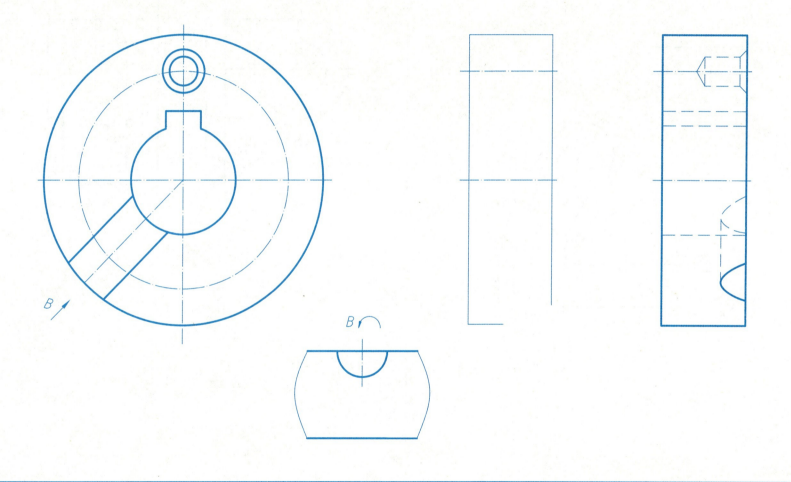

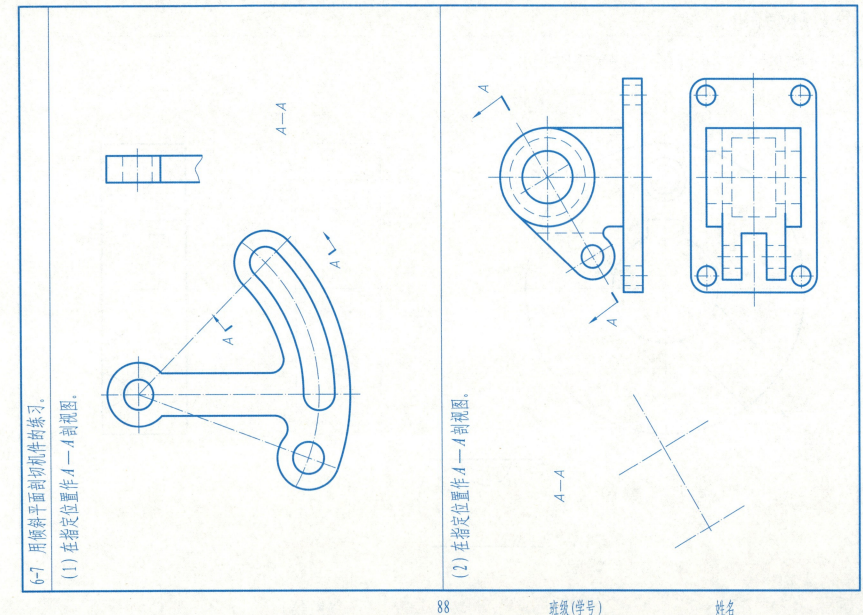

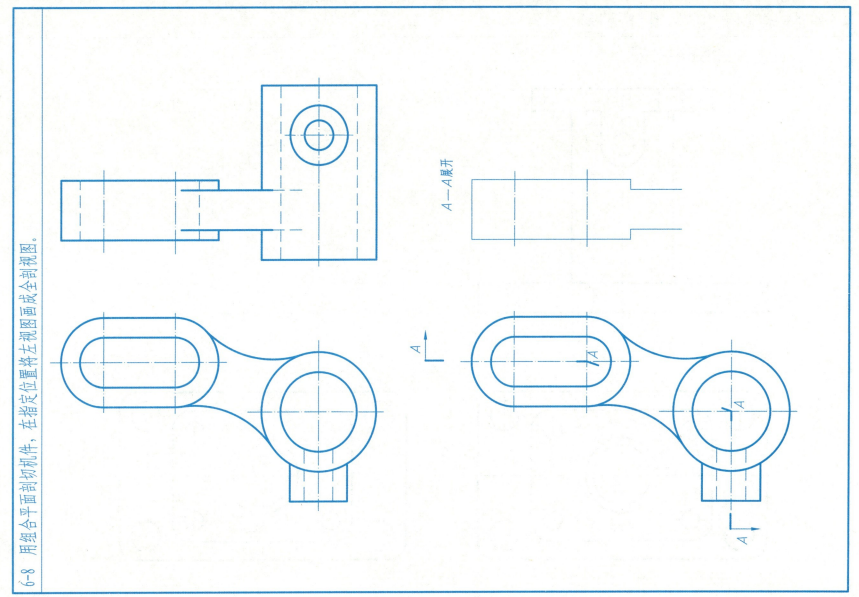

6-9 用单一剖切平面剖切机件，做半剖视图练习。

(1) 在指定位置，将主视图画成半剖视图。

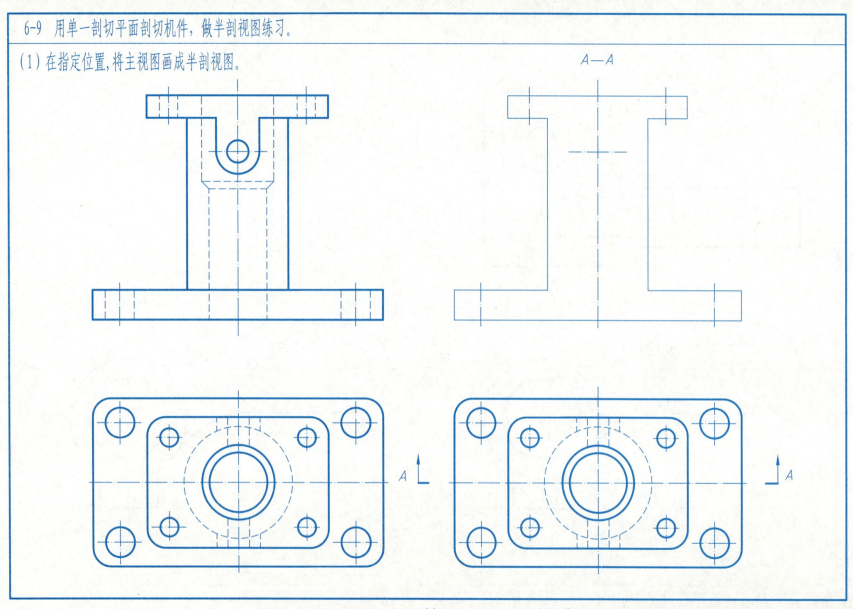

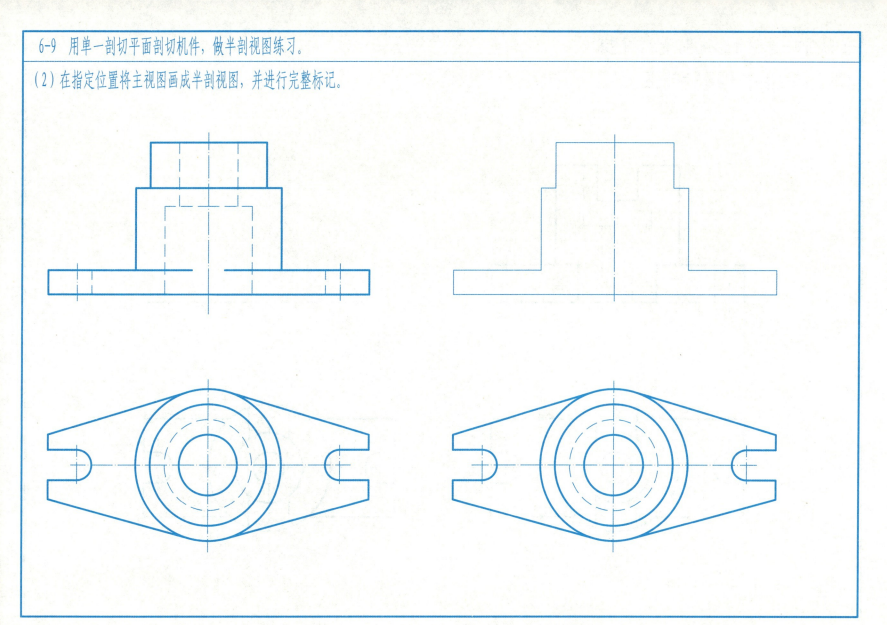

6-9 用单一剖切平面剖切机件，做半剖视图练习。

(3) 在指定位置将主视图画成半剖视图。

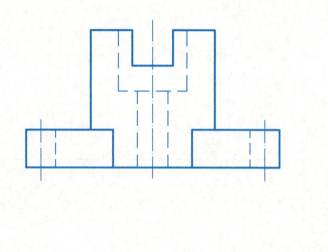
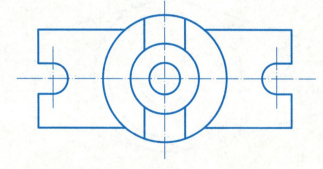
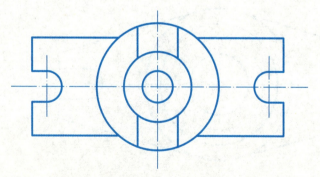

6-9 用单一剖切平面剖切机件，做半剖视图练习。

(4) 在指定位置，将主视图画成半剖视图。

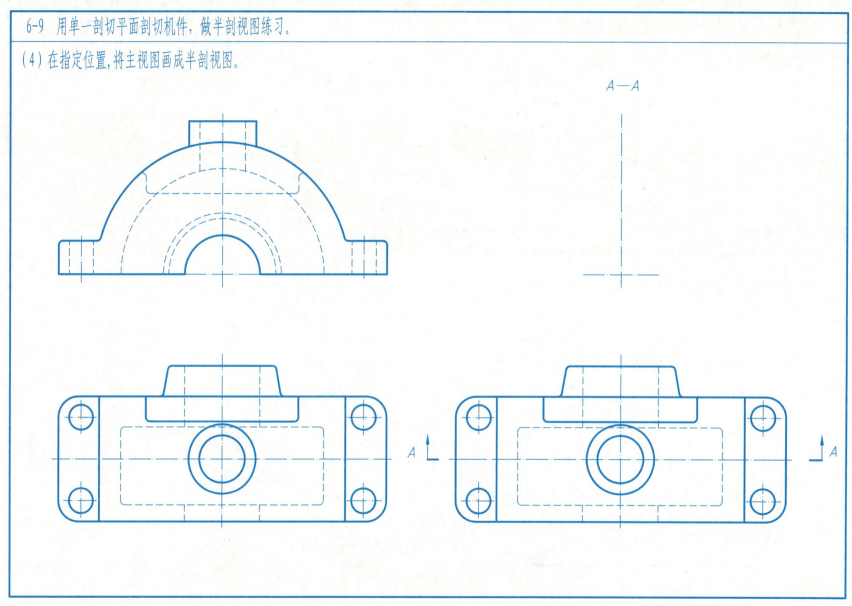

6-9 用单一剖切平面剖切机件，做半剖视图练习。

(5) 在指定位置将左视图画成半剖视图。

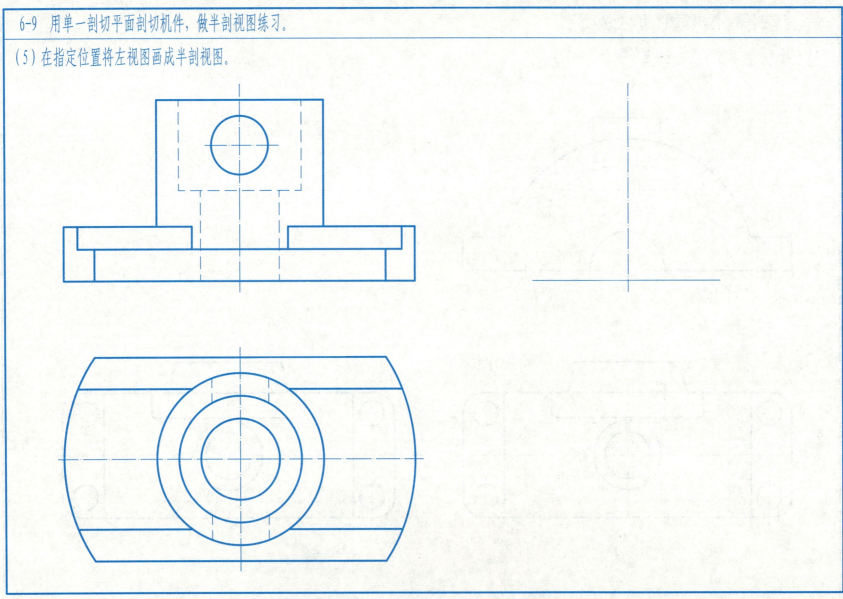

6-10 在指定位置，将主视图、俯视图画成局部剖视图。

(1)

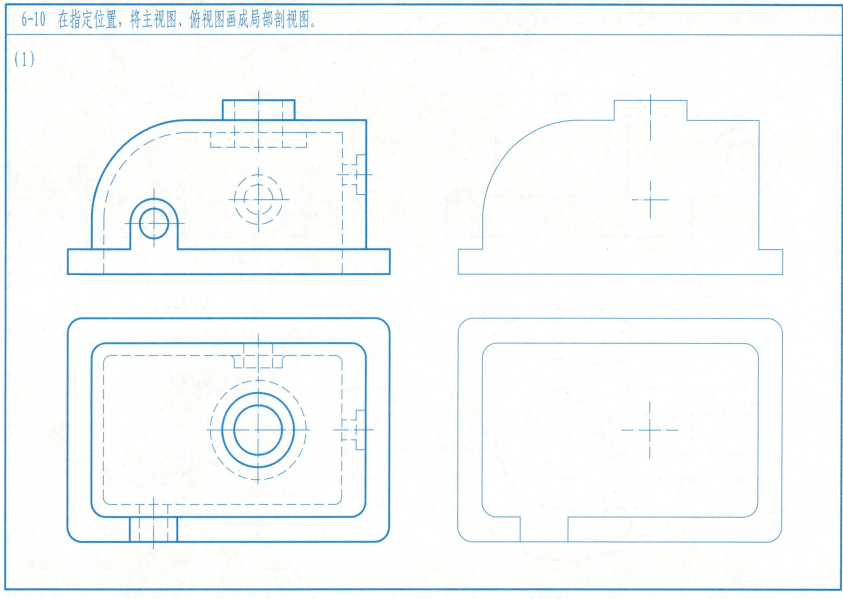

6-10 在指定位置，将主视图、俯视图画成局部剖视图。

(2)

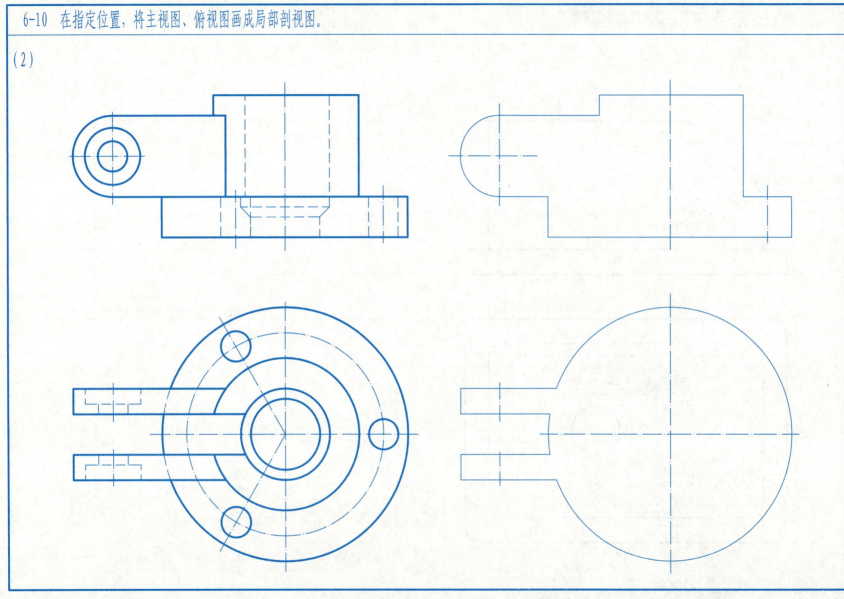

6-10 在指定位置,将主视图、俯视图画成局部剖视图。

(3)

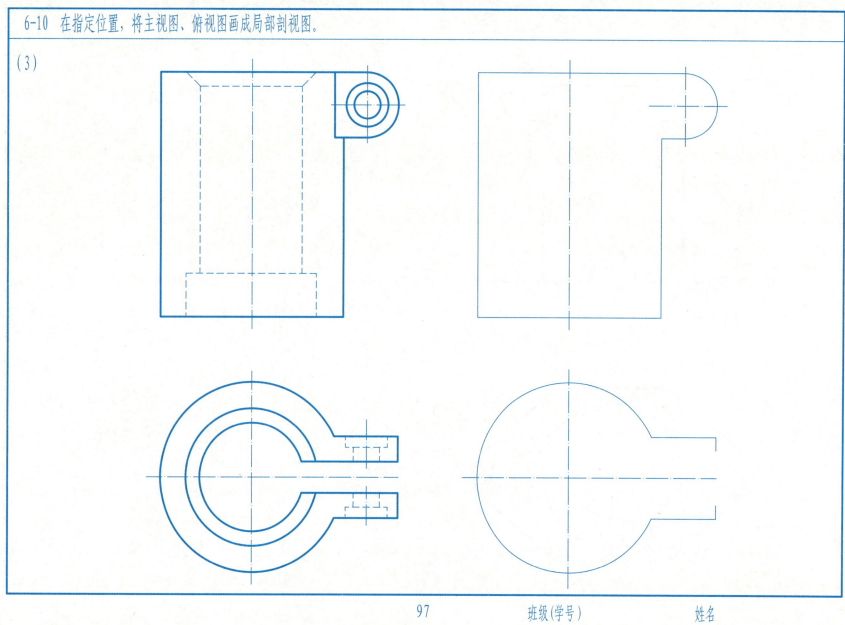

6-10 在指定位置，将主视图、俯视图画成局部剖视图。

(4)

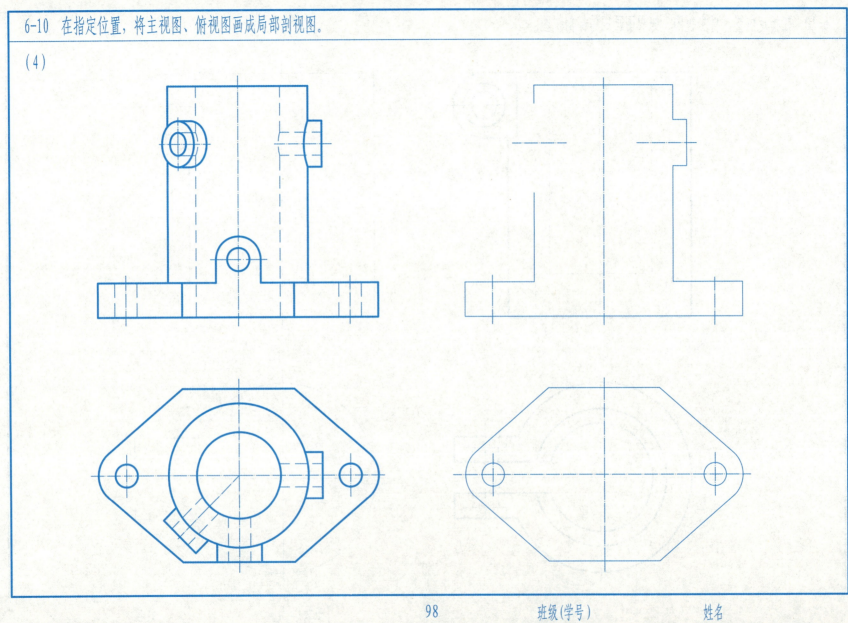

6-11 选择适当的剖切平面剖切机件,将主视图、俯视图画成局部剖视图。

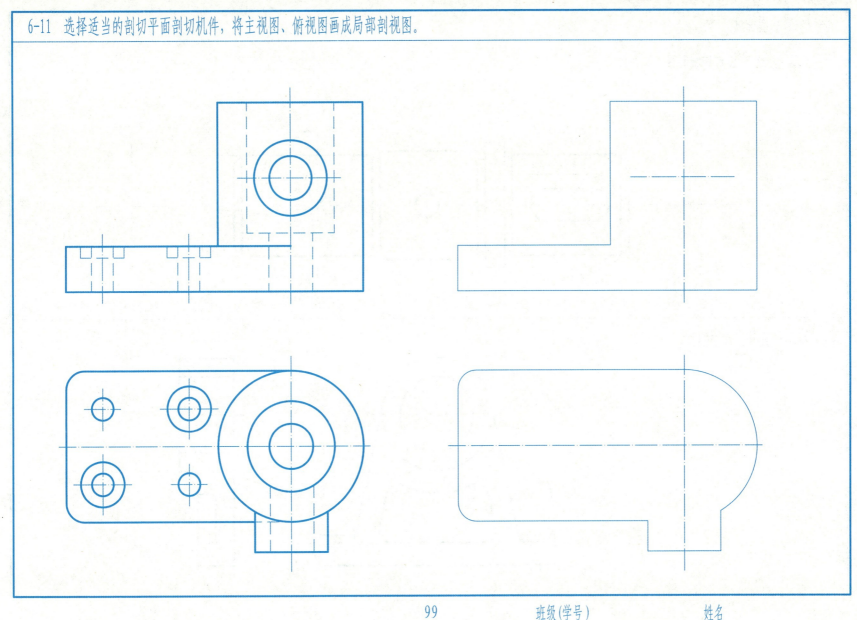

6-12 断面图练习。

(1) 在指定位置作出阶梯轴的移出断面图。

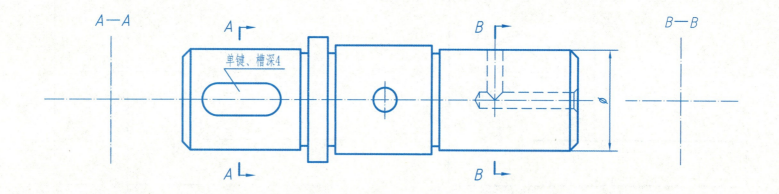

(2) 作 B—B 移出断面图。

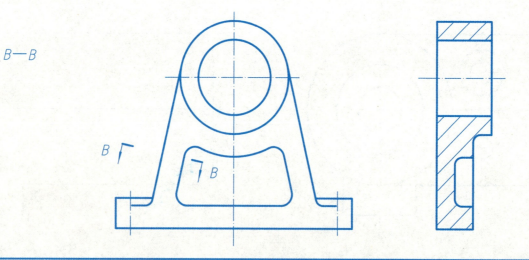

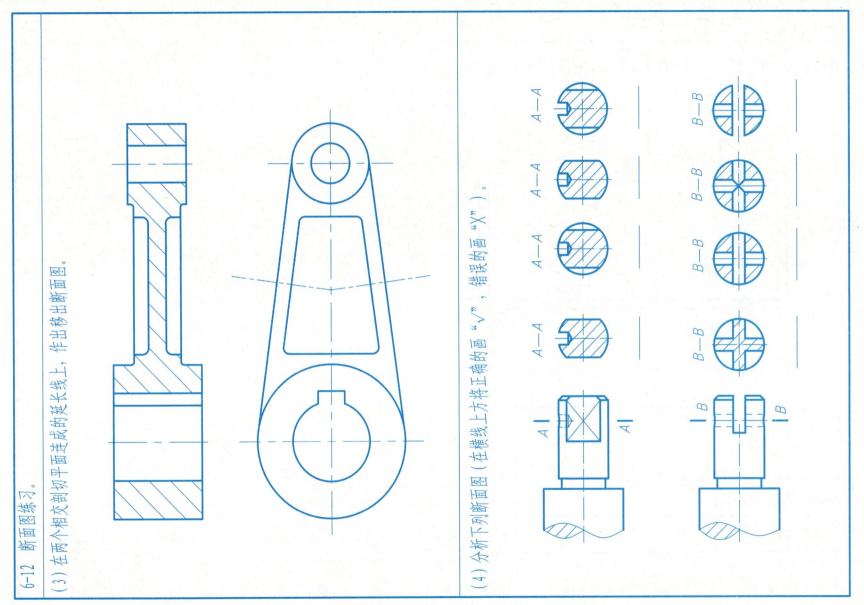

6-13 其他规定画法和简化画法的练习。

(1) 所给图形比例为1:1，请按指定比例，画出指定部位的局部放大图。

$\dfrac{\text{II}}{5:1}$

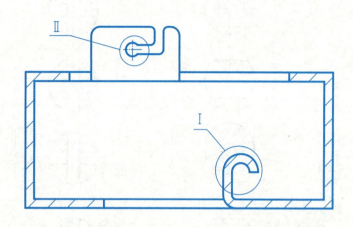

$\dfrac{\text{I}}{4:1}$

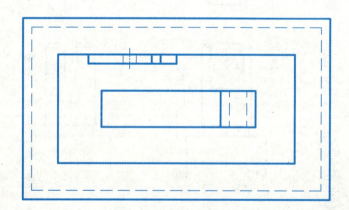

6-13 其他规定画法和简化画法的练习。

(2) 根据左边所给视图，在右边指定位置画出均布结构自动旋转后机件的全剖视图。

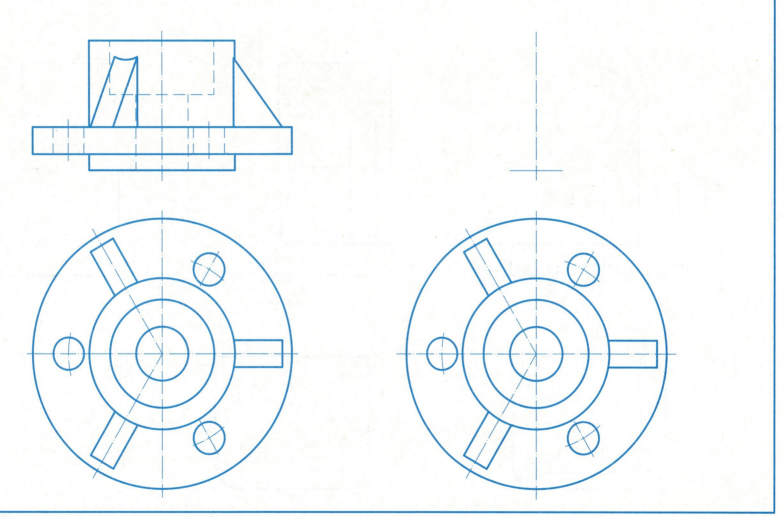

6-13 其他规定画法和简化画法的练习。

（3）根据左边所给视图，在指定位置画$A—A$、$B—B$全剖视图。

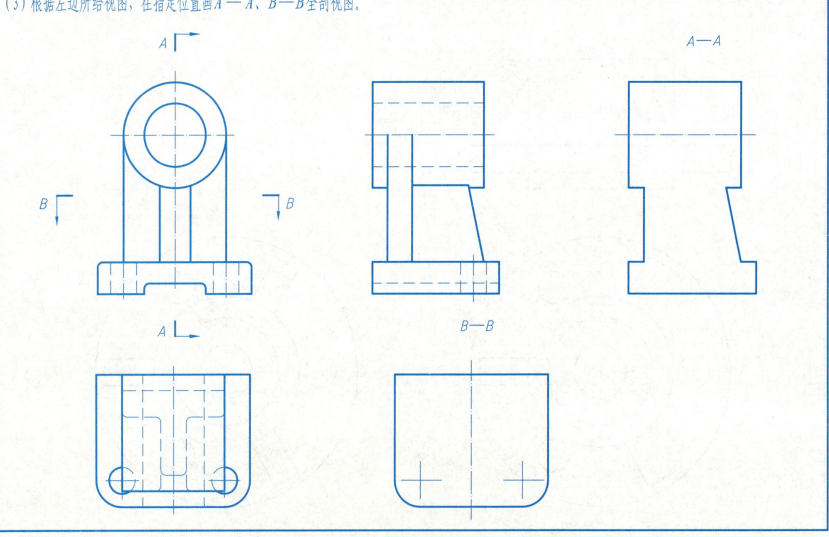

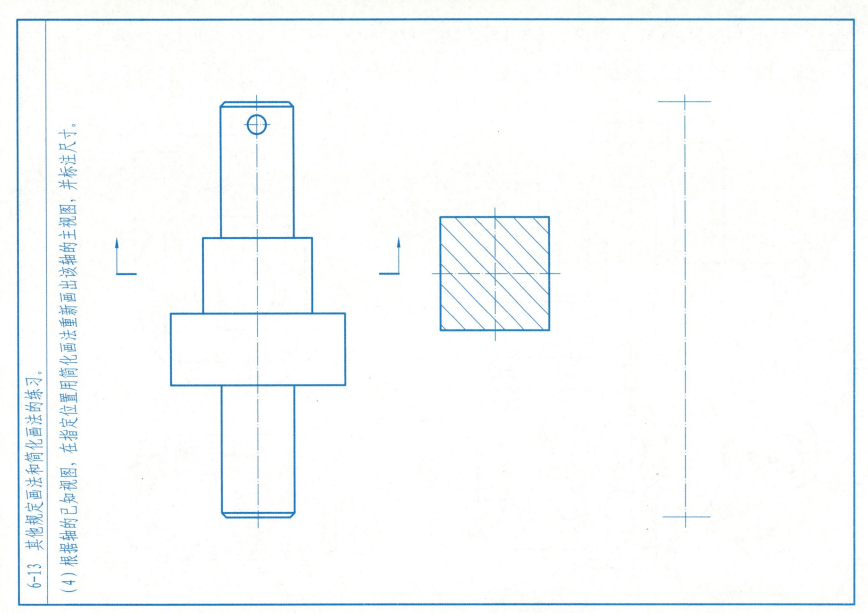

6-14 根据机件的已知视图和轴测图，选择适当的表达方法，完整、清晰地表达机件。

(1) 根据所给视图，在后面空白页上分别画出另外两种表达方案。

(2) 根据所给视图，在后面空白页上分别画出另外两种表达方案。

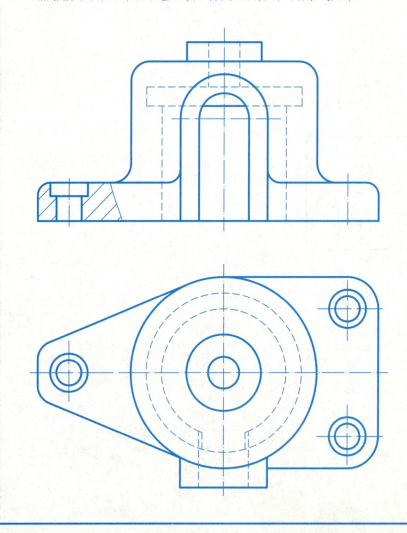
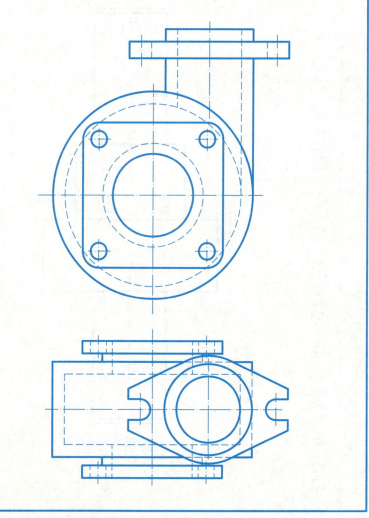

6-14 根据机件的已知视图和轴测图，选择适当的表达方法，完整、清晰地表达机件。

(1)

6-14 根据机件的已知视图和轴测图，选择适当的表达方法，完整、清晰地表达机件。

(2)

6-14 根据机件的已知视图和轴测图，选择适当的表达方法，完整、清晰地表达机件。

（3）根据所给的视图和轴测图，补画所缺的视图，清晰地表达该机件。

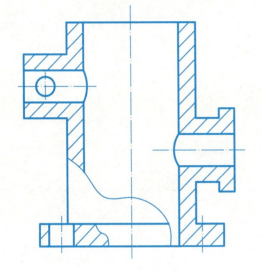

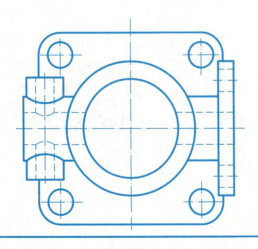

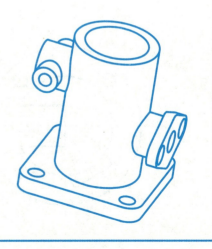

6-14 根据机件的已知视图和轴测图，选择适当的表达方法，完整、清晰地表达机件。

（4）根据所给的视图和轴测图，选择适当的表示方法，清晰地表达该机件。

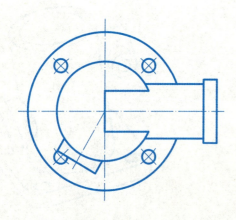
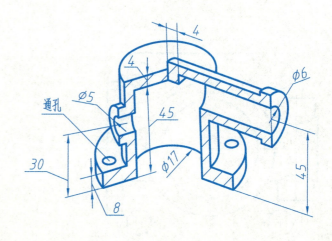

第5次大作业　机件表达综合练习

一、作业内容

根据所给机件的视图（选择一个分题），按需要改画成剖视图、断面图和其他视图，并标注尺寸。

二、作业目的

1. 学会综合运用机件的各种表达方法，完整、清晰地表达机件。

2. 学会机件的表达方案的分析、选择，培养学生解决实际问题的能力。

三、作业指示

1. 对所给视图进行形体分析，在此基础上选择表达方案。

2. 用A3图纸，自选比例，合理布置各视图的位置。

3. 逐步画出各视图，画图时要按需要将视图改画成适当的剖视图（如有需要，则还应画出断面图或其他视图），并调整各部分尺寸，完成底稿。

4. 仔细校核后用铅笔加深。

5. 图面质量与标题填写的要求，同前面的作业。

6. 图名填"机件表达综合练习"；图号填"05.01"（05—第5次大作业；01—分题号）。

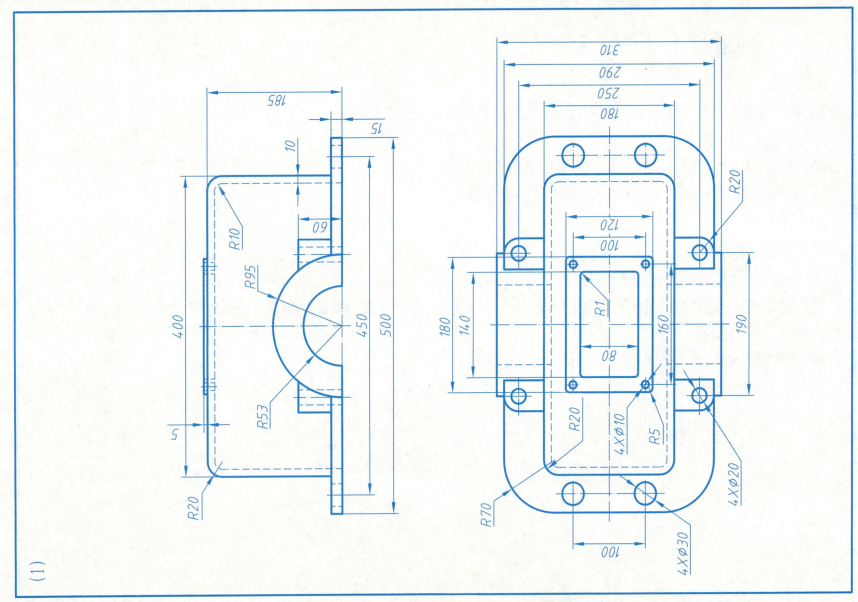

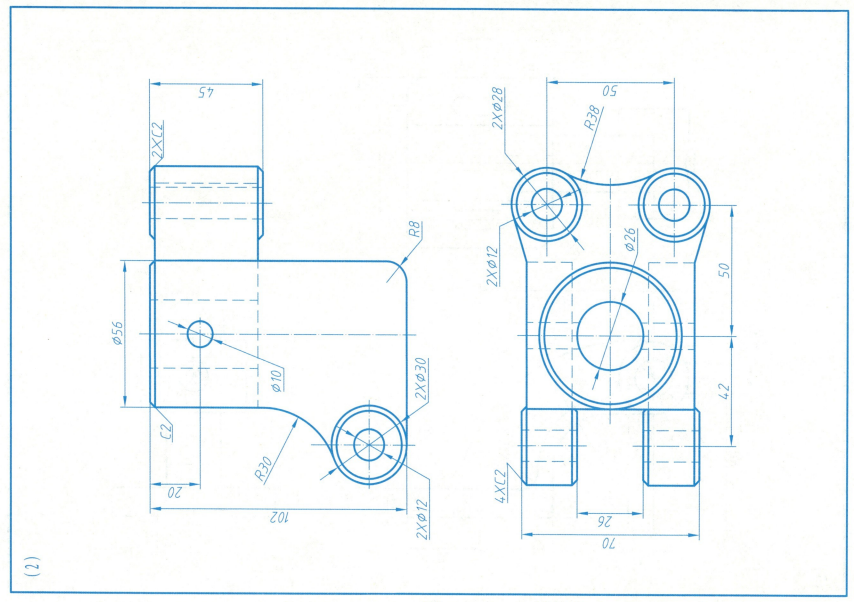

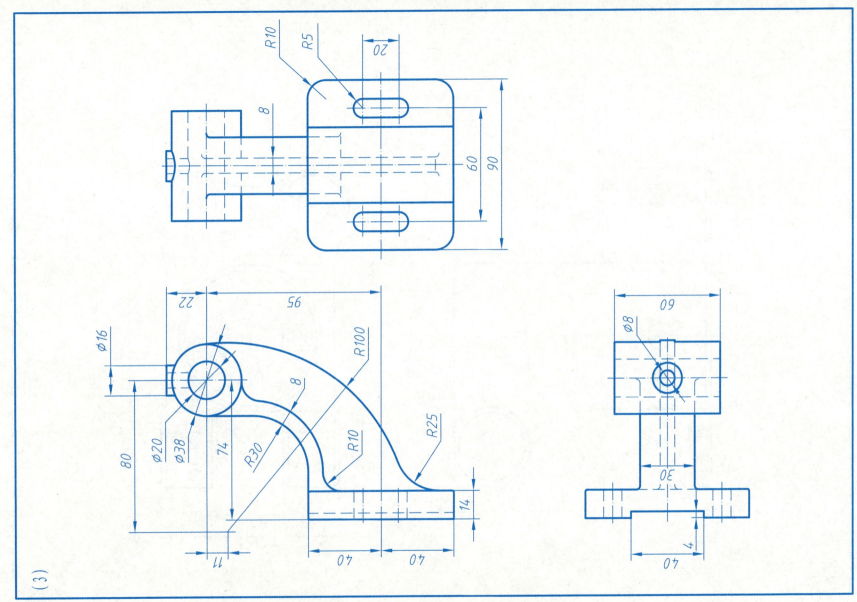

(4)

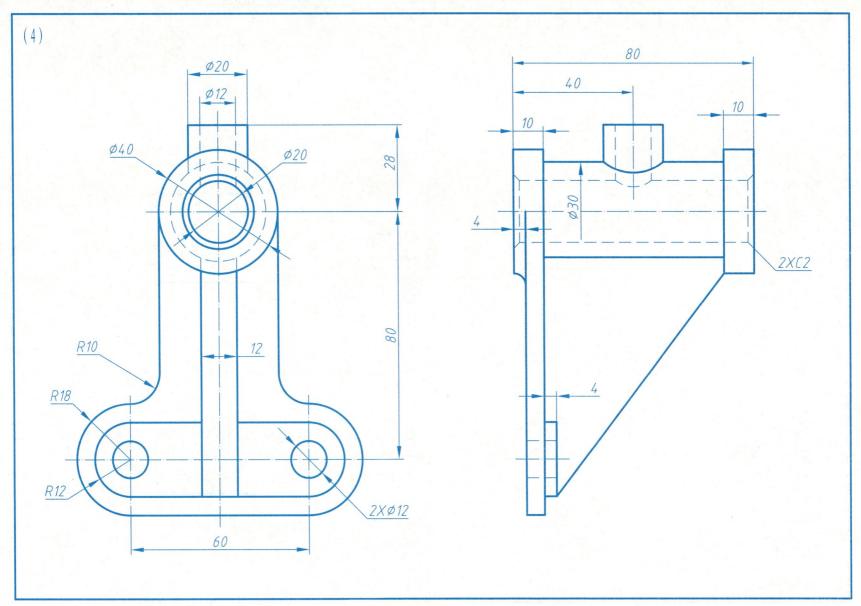

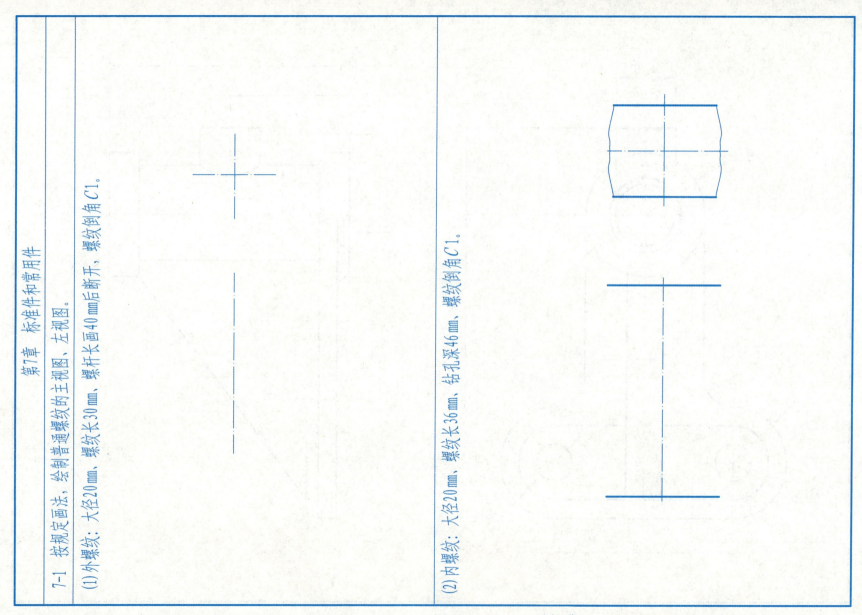

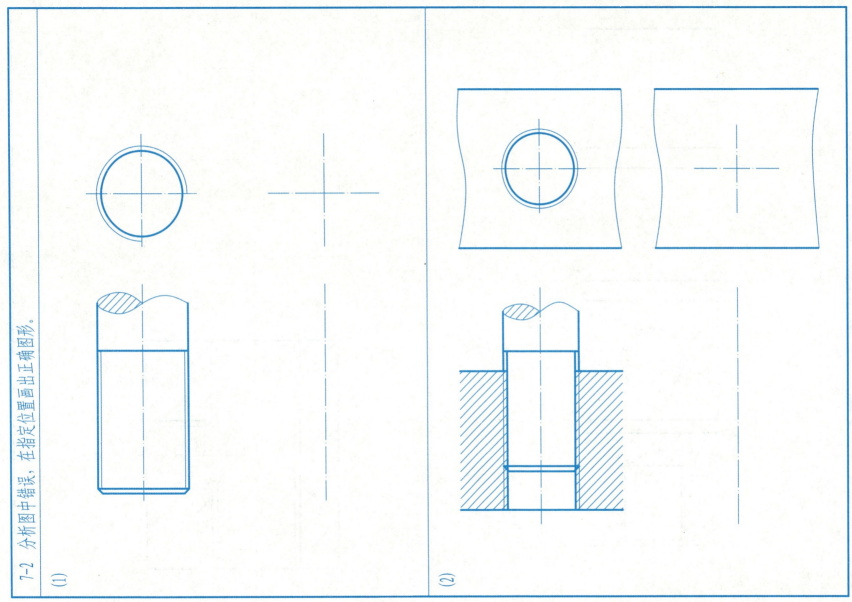

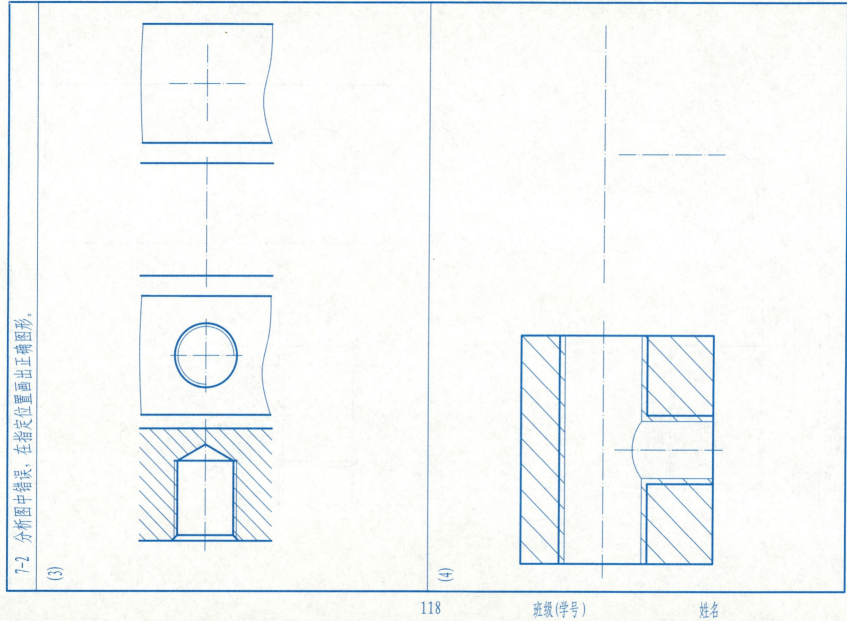

7-3 在下列图中标注出螺纹的规定标记或代号。

(1) 粗牙普通螺纹，公称直径20mm，螺距2.5mm，单线，右旋，螺纹公差带：中径、顶径为6g，旋合长度属于短的一组。

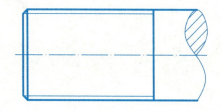

(2) 细牙普通螺纹，公称直径20mm，螺距1.5mm，单线，右旋，螺纹公差带：中径、顶径为7H，旋合长度属于长的一组。

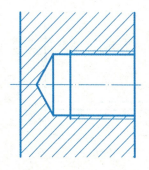

(3) 用螺纹密封的外管螺纹，尺寸代号3/8，左旋。

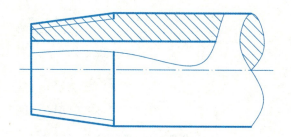

(4) 非螺纹密封的外管螺纹，尺寸代号3/4，公差等级A级，右旋。

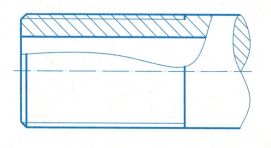

7-4 根据所标注的螺纹代号，说明螺纹的各要素。

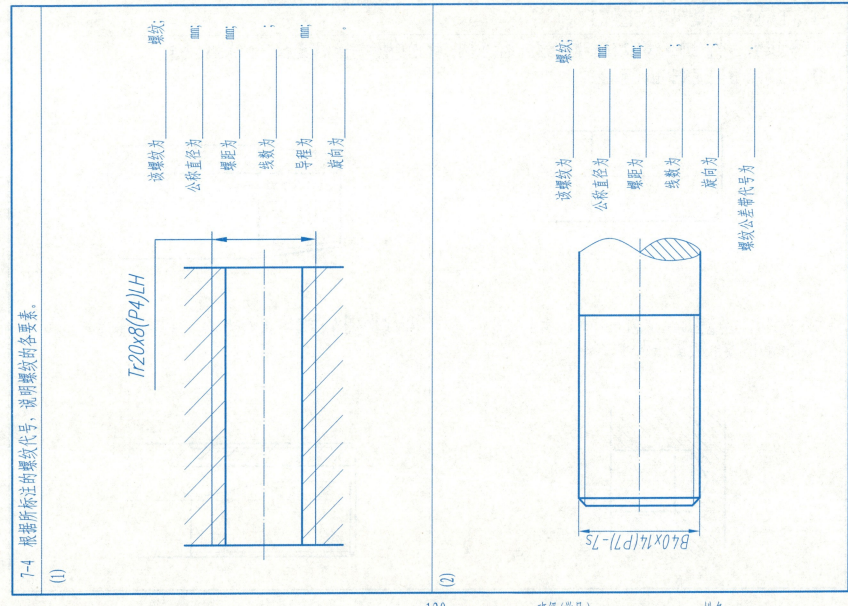

(1) Tr20×8(P4)LH

该螺纹为_____螺纹;
公称直径为_____mm;
螺距为_____mm;
线数为_____;
导程为_____mm;
旋向为_____。

(2) B40×14(P7)-7S

该螺纹为_____螺纹;
公称直径为_____mm;
螺距为_____mm;
线数为_____;
旋向为_____;
螺纹公差带代号为____。

7-5 根据螺纹紧固件的标记，查表标出所缺的尺寸数值。

(1) 六角头螺栓：螺栓 GB/T 5782—2000 M20×60。

(2) 双头螺柱：螺柱 GB/T 898—1988 M20×80。

(3) 开槽沉头螺钉：螺钉 GB/T 68—2000 M10×60。

(4) 螺母：螺母 GB/T 6170—2000 M20。

(5) 垫圈：垫圈 GB/T 97.1—2002 20。

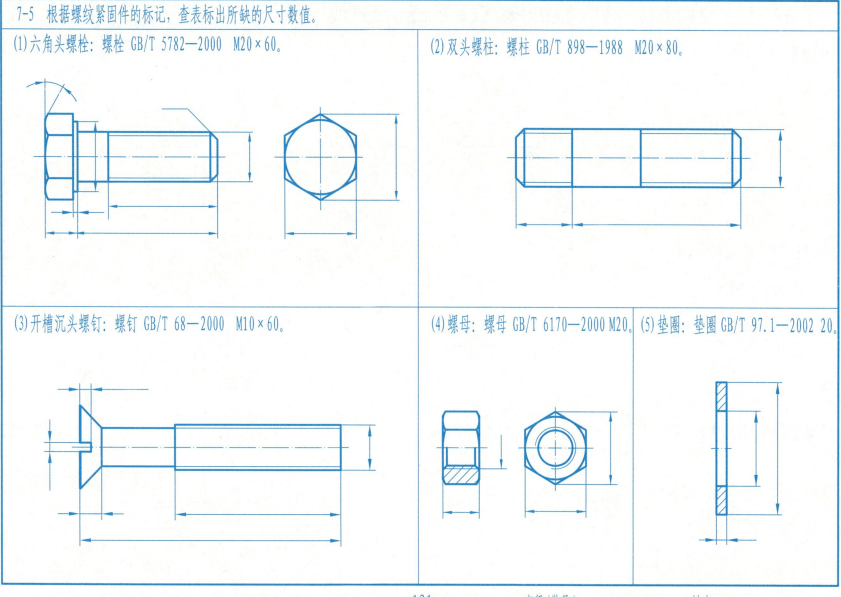

7-6 查表画出下列螺纹紧固件，并注出螺纹公称直径和螺栓、螺钉的公称长度 *l*（比例1：1）。

(1) 螺栓 GB/T 5782—2000 M16×70。

(2) 螺钉 GB/T 68—2000 M10×50。

(3) 螺母 GB/T 6170—2000 M16。

7-7 用螺栓 GB/T 5782—2000 M12×40，螺母 GB/T 6170—2000 M12，垫圈 GB/T 97.1—2002 12，按1:1作图连接下列两件。

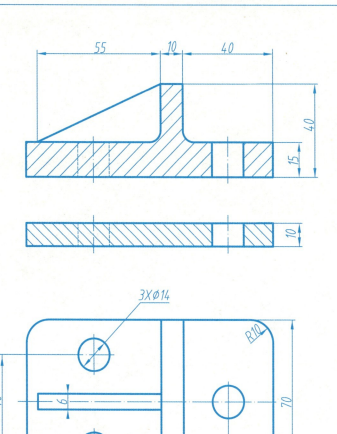

7-8 用螺柱 GB/T 898—1988 M12×28，螺母 GB/T 6170—2000 M12，垫圈 GB/T 93—1987 12，按1:1作图连接下列两件。

7-9 下面螺栓连接画法中有错误，在右边按正确的画法画出。

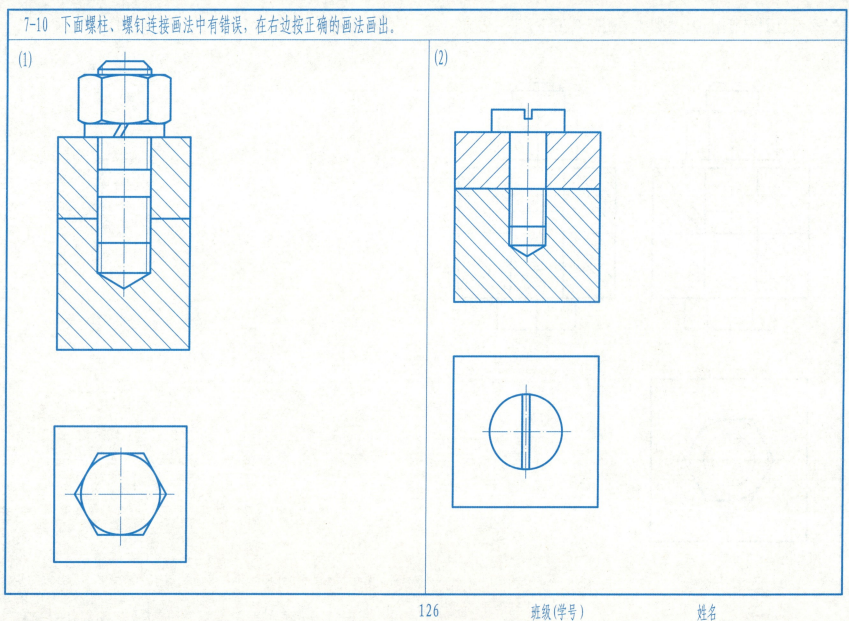

第6次大作业 螺纹紧固件的连接画法

一、作业内容

画出螺栓连接与螺柱或螺钉连接两种连接图（螺栓连接画主、俯、左视图，螺柱或螺钉连接画主、俯视图），并在图的下方写出螺纹紧固件的规定标记。

二、作业目的

学会螺纹紧固件的连接画法，以及螺纹紧固件的标记方法。

三、作业指示

1. 用A3图纸，横放，合理布置各视图的位置。
2. 仔细校核后用铅笔加深。
3. 图面质量与标题栏填写的要求，同前面的作业。
4. 图名填"螺纹紧固件的连接画法"；图号填"06.01"（06—第6次大作业；01—分题号）。

(1) 用螺栓 GB/T 5782—2000 M16×70，螺母 GB/T 6170—2000 M16，垫圈 GB/T 97.1—2002 16，按1:1比例画出连接图（被连接件尺寸如图）。

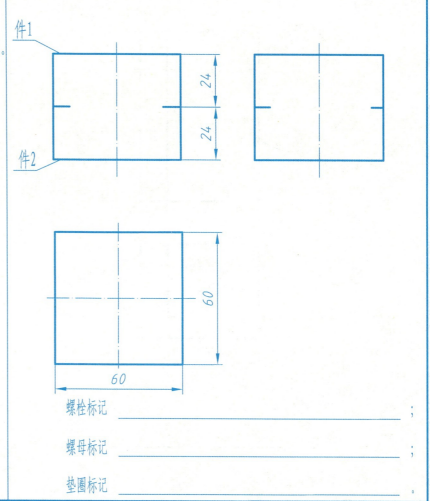

螺栓标记 _____ ;

螺母标记 _____ ;

垫圈标记 _____ 。

(2) 用螺柱 GB/T 900—1988 M16×45，螺母 GB/T 6170—2000 M16，垫圈 GB/T 93—1987 16，被旋入零件材料为铝，按1:1比例画出其连接图（被连接件尺寸如图）。

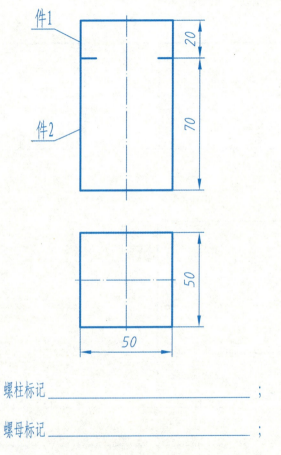

螺柱标记 _____ ；

螺母标记 _____ ；

垫圈标记 _____ 。

(3) 用螺钉 GB/T 67—2000 M10×25，被旋入零件的材料为青铜，按2:1比例画出连接图（被连接件尺寸如图）。

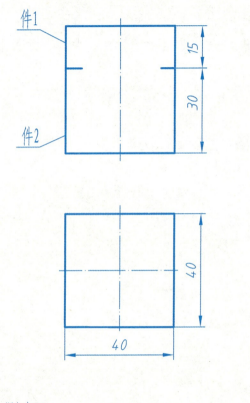

螺钉标记 _____ 。

7-11　已知标准渐开线直齿圆柱齿轮，模数 $m=3$，齿数 $z=25$，试计算齿轮的主要尺寸，并按规定画法完成该齿轮的投影图（比例1:1）。

7-12 已知一直齿锥齿轮 $m=8, z=25$，按规定画法画全该齿轮的主视图，并注全尺寸。（比例1:2）

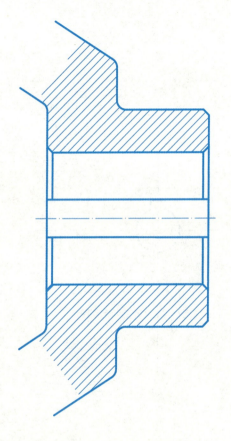

7-13 已知一对标准直齿圆柱齿轮 $m=2$, $z_1=17$, $z_2=35$, 试按1:1的比例绘制其啮合图(齿轮非标准部分结构形状及尺寸自行设计)。

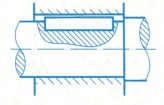

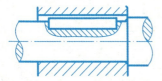

7-14 根据习题中的一项尺寸（未知尺寸从图中量取并取整），在下页位置自选比例绘制标准渐开线直齿锥齿轮啮合图，按 GB/T 1096—2003 选择键。

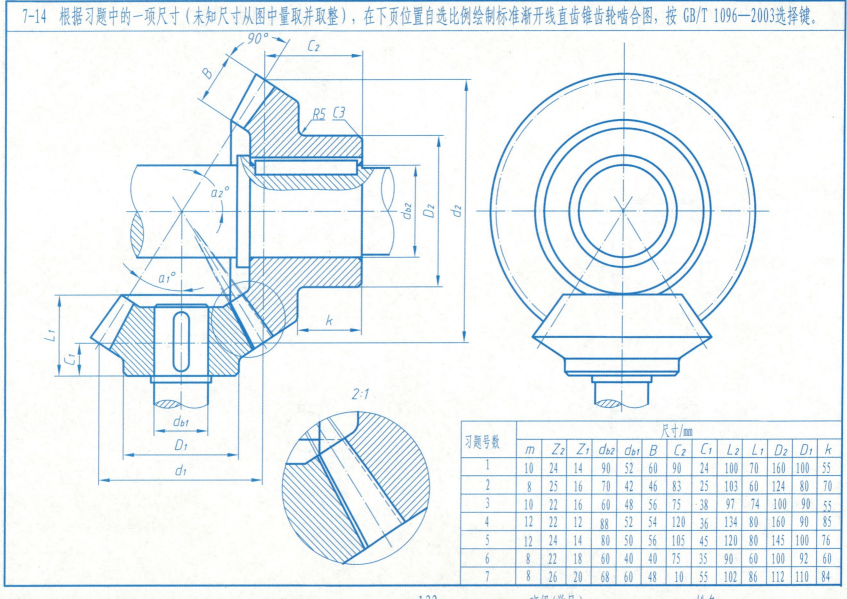

习题号数	尺寸/mm												
	m	Z_2	Z_1	d_{b2}	d_{b1}	B	C_2	C_1	L_2	L_1	D_2	D_1	k
1	10	24	14	90	52	60	90	24	100	70	160	100	55
2	8	25	16	70	42	46	83	25	103	60	124	80	70
3	10	22	16	60	48	56	75	38	97	74	100	90	55
4	12	22	12	88	52	54	120	36	134	80	160	90	85
5	12	24	14	80	50	56	105	45	120	80	145	100	76
6	8	22	18	60	40	40	75	35	90	60	100	92	60
7	8	26	20	68	60	48	10	55	102	86	112	110	84

班级(学号)　　姓名

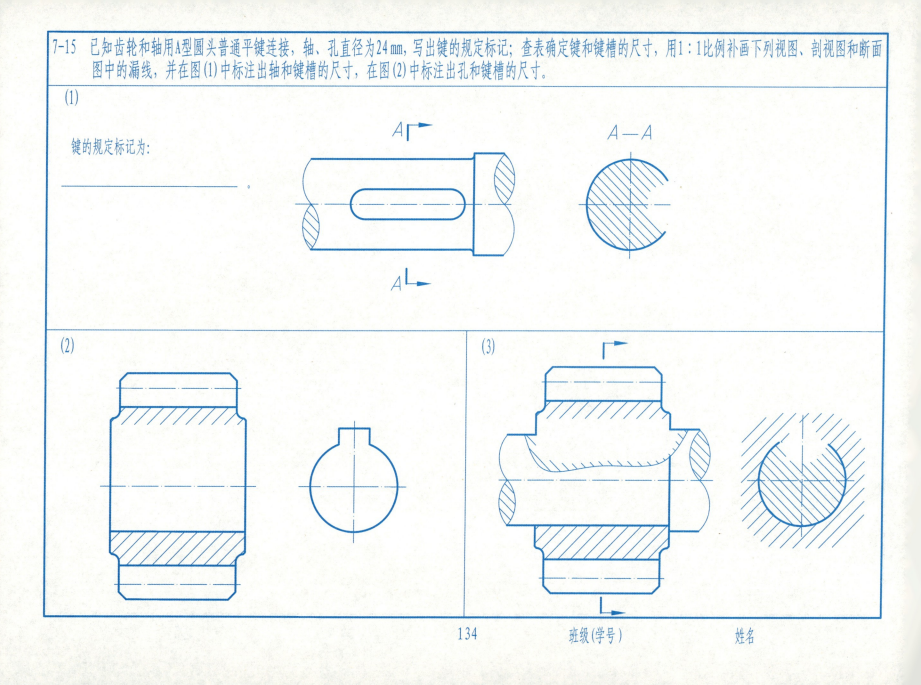

7-16 花键画法及尺寸标注的练习。

(1) 下面矩形外花键画法有错误，在右面空白处按正确的画法画出，并按一般标注法标注尺寸（外花键长30 mm，大径φ20a11，小径φ16f7，键宽5d10，键数6，倒角C2）。

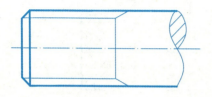

(2) 下面矩形内花键画法有错误，在右面空白处按正确的画法画出，并按一般标注法标注尺寸（内花键大径φ26H10，小径φ21H7，键宽6H11，键数6，倒角C2）。

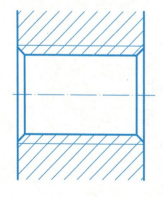

7-17 销的画法。

(1) 选用公称直径 $d=8\,\text{mm}$，公称长度 $l=40\,\text{mm}$，公差m6的圆柱销GB/T 119.1—2000，补全视图，并写出标记。

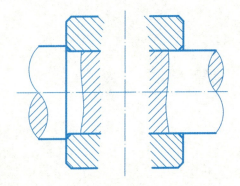

销的规定标记：_____。

(2) 选用公称直径 $d=8\,\text{mm}$，公称长度 $l=30\,\text{mm}$ 的A型圆锥销GB/T 117—2000，补全视图，并写出标记。

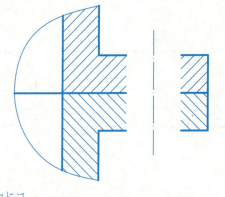

销的规定标记：_____。

7-18 根据轴径尺寸，自行选择合适的深沟球轴承（GB/T 4459.7—1998），采用规定画法，按1∶1比例画出滚动轴承的形状。

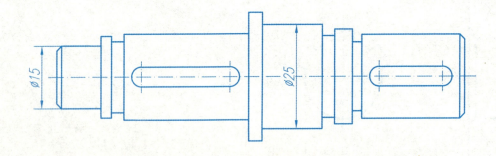

7-19 已知圆柱螺旋压缩弹簧的簧丝直径 $d=6$ mm，弹簧中径 $D=40$ mm，节距 $t=13$ mm，有效圈数 $n=7$，支撑圈数 $n_2=2.5$，右旋，弹簧的自由高度 $H=103$ mm。用 1:1 的比例画出弹簧主、左视图（主视图画剖视图）。

第8章 零件图

8-1 根据给定要求，标注表面粗糙度。

(1) 要求轮齿齿侧（工作表面）为 $\sqrt{Ra0.8}$，键槽双侧为 $\sqrt{Ra3.2}$，槽底为 $\sqrt{Ra6.3}$，孔和两端面为 $\sqrt{Ra3.2}$，其余为 $\sqrt{Ra12.5}$。

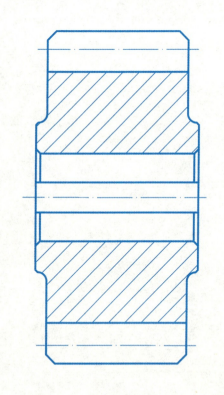

(2) 分析图中表面粗糙度的错误标注，并重新按规定正确标出。

其余 $\sqrt{Ra25}$

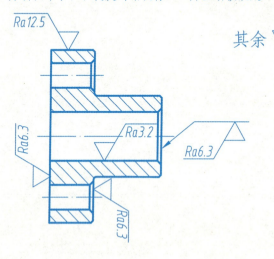
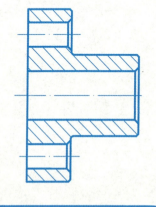

8-2 根据装配图上的配合代号，填写下列内容。

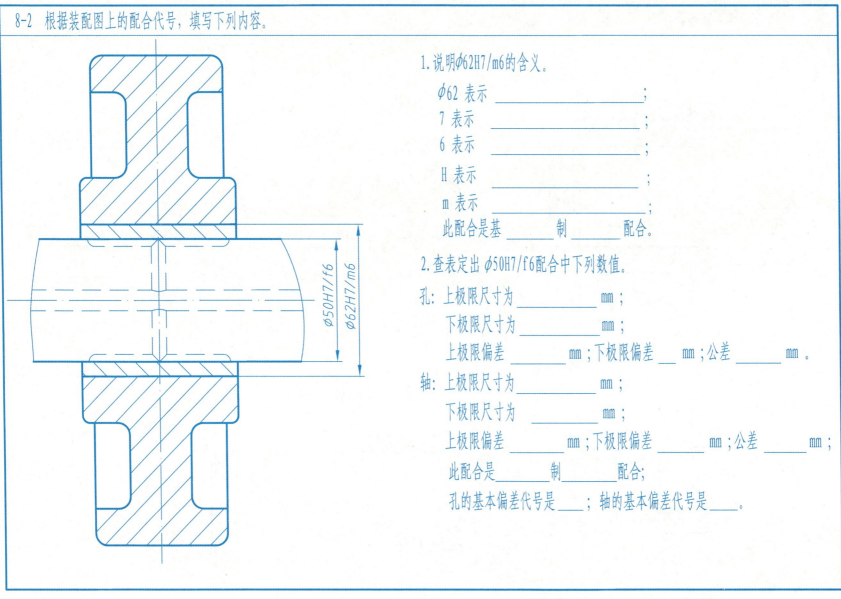

1. 说明 φ62H7/m6 的含义。

   φ62 表示 _____；

   7 表示 _____；

   6 表示 _____；

   H 表示 _____；

   m 表示 _____；

   此配合是基_____制_____配合。

2. 查表定出 φ50H7/f6 配合中下列数值。

   孔：上极限尺寸为_____ mm ；

   　　下极限尺寸为_____ mm ；

   　　上极限偏差_____ mm ；下极限偏差___ mm ；公差_____ mm 。

   轴：上极限尺寸为_____ mm ；

   　　下极限尺寸为_____ mm ；

   　　上极限偏差_____ mm ；下极限偏差_____ mm ；公差_____ mm ；

   　　此配合是_____制_____配合；

   　　孔的基本偏差代号是____；轴的基本偏差代号是____。

8-3 已知某组件中零件间的配合尺寸如下图所示，试回答以下问题。

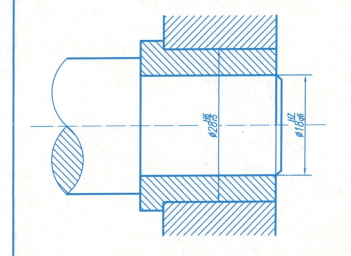

1. 说明配合尺寸 ⌀28H6/r5 的含义。

    a. ⌀28 表示_____；

    b. r 表示_____；

    c. 此配合是_____制_____配合；

    d. 5、6 表示_____。

2. 说明配合尺寸 ⌀18H7/g6 的含义。

    a. ⌀18 表示_____；

    b. H 表示_____；

    c. 此配合是_____制_____配合；

    d. 7、8 表示_____。

3. 根据装配图中所注的配合尺寸，标注零件图的相应尺寸。（要注出尺寸的上下偏差）

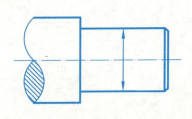 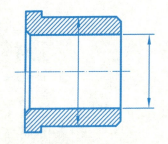 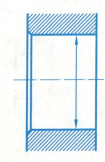

8-4 在右侧两图中，标注轴、孔的直径尺寸及偏差值，并回答问题。

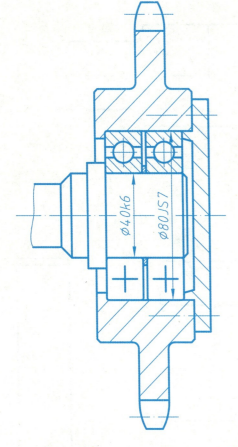
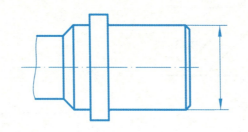
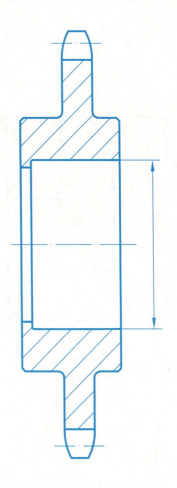

1. $\phi 40k6$ 为基 ____ 制 ____ 配合的轴的直径及其公差带代号。
2. $\phi 80JS7$ 为基 ____ 制 ____ 配合的孔的直径及其公差带代号。

8-5 根据左图中标注的尺寸，在右侧三个图中标注出轴或孔的直径尺寸及偏差值，并回答问题。

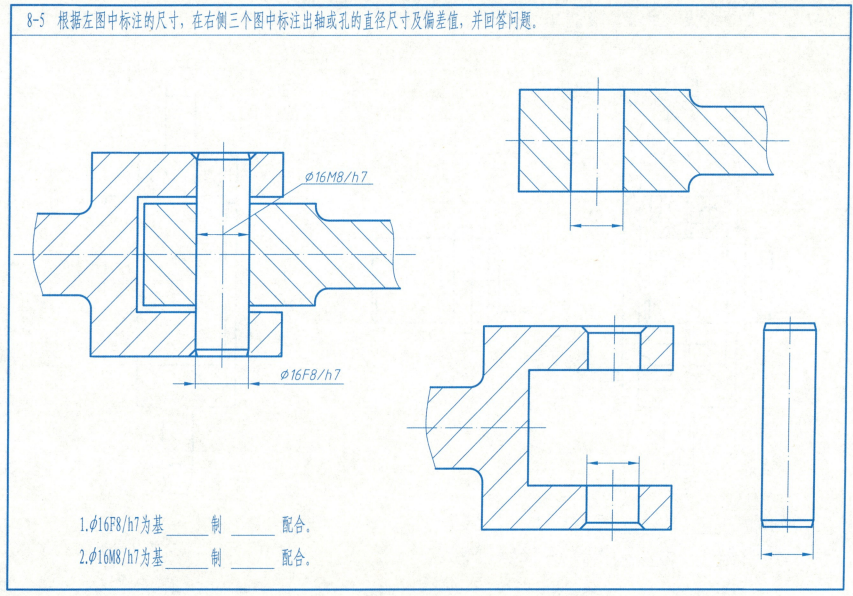

1. $\phi16F8/h7$ 为基_____制_____配合。
2. $\phi16M8/h7$ 为基_____制_____配合。

8-6 用文字说明图中框格标注的含义（按编号填写）。

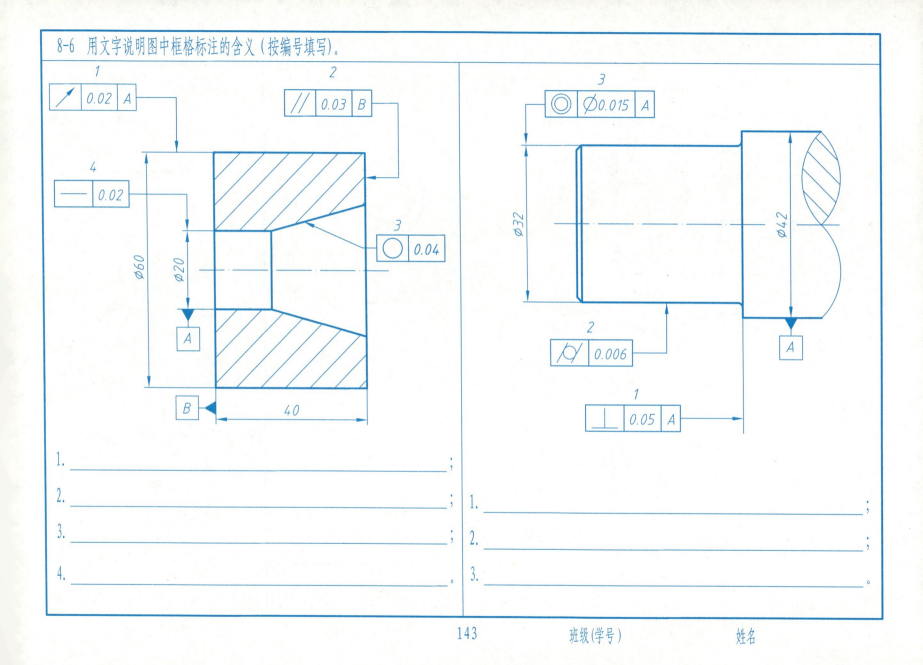

1. _____ ；
2. _____ ；
3. _____ ；
4. _____ 。

1. _____ ；
2. _____ ；
3. _____ 。

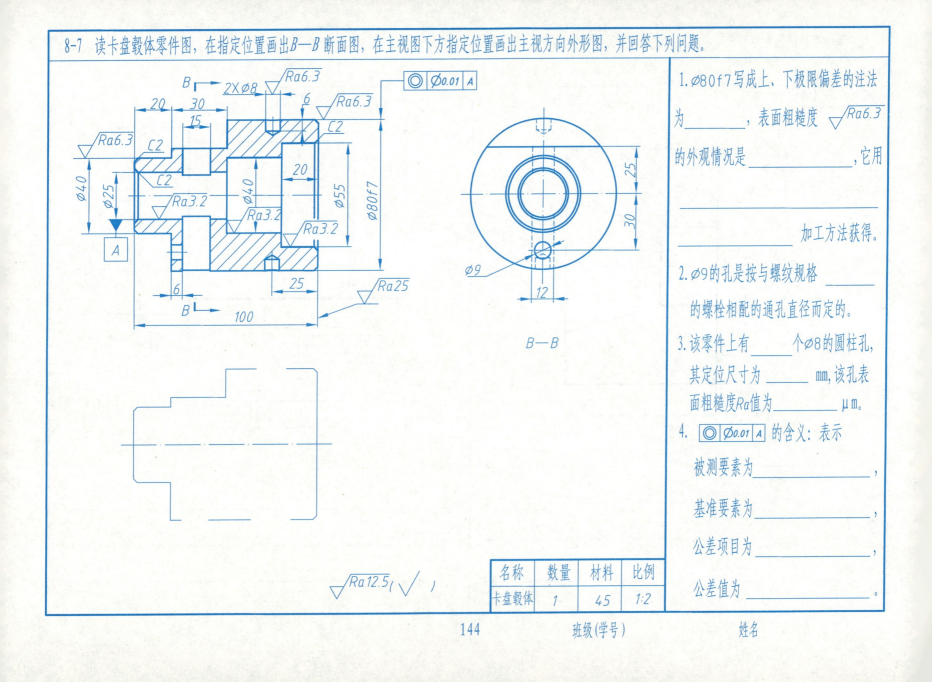

8-8 读螺杆零件图，在指定位置画出A—A断面图，并回答问题。

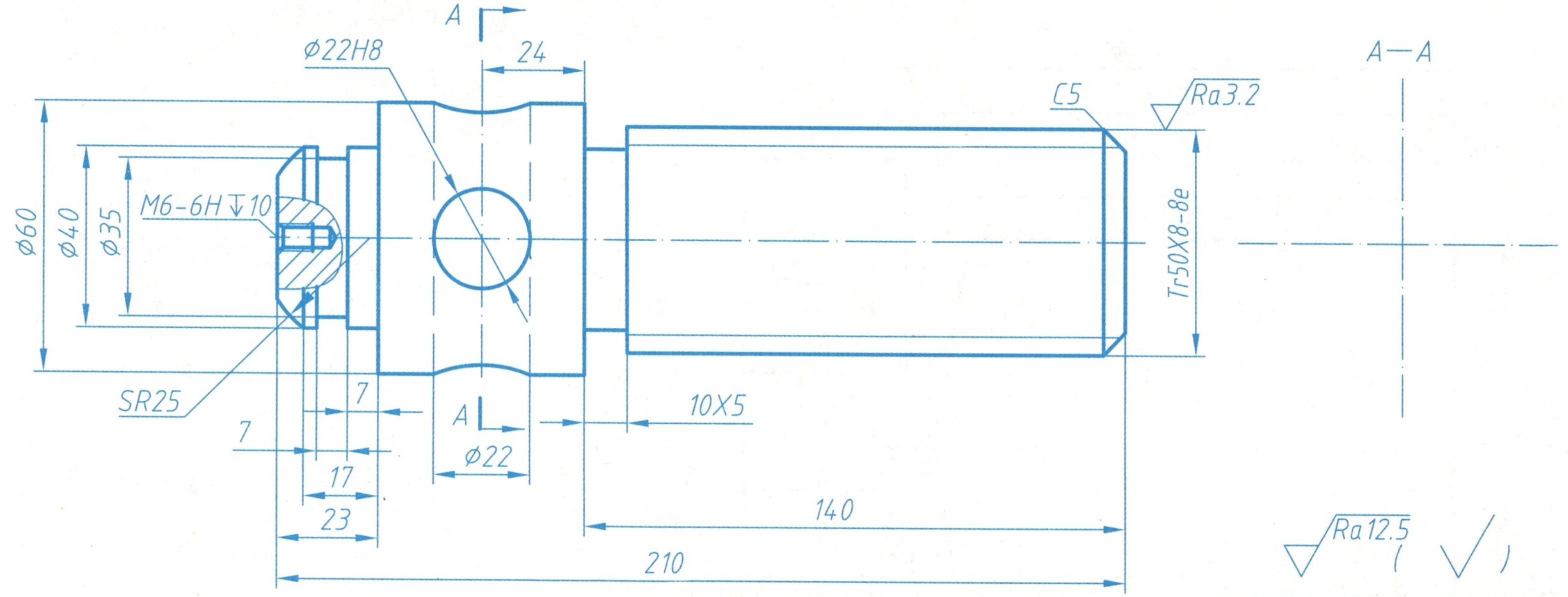

1. 该零件上的螺纹标注为 _____，牙型 _____，公称直径 _____，螺距 _____，旋向为 _____，其位代号与公差带 _____。
2. 退刀槽10×5中的5为 _____，10为槽宽标注为 _____，该退刀槽的尺寸标注形式还可以写为 _____。
3. M6-6H 工 10中的6H为 _____，M6表示 _____，10表示 _____。
4. 图中下列尺寸属于哪种类型的尺寸？（定形尺寸或定位尺寸）
   尺寸140是 _____。尺寸φ22H8是 _____。尺寸SR25是 _____。尺寸R4 _____。
5. 将φ22H8改写为外注 _____，下极限偏差值为 _____，公差十五 _____ mm。

| 名称 | 螺纹件 | 数量 | 1 | 材料 | 45 | 比例 | 1:10 |

班级（学号） _____ 姓名 _____

分析容器

技术要求:
1. 未注圆角R2,未注倒角C1;
2. 去毛刺,锐边。

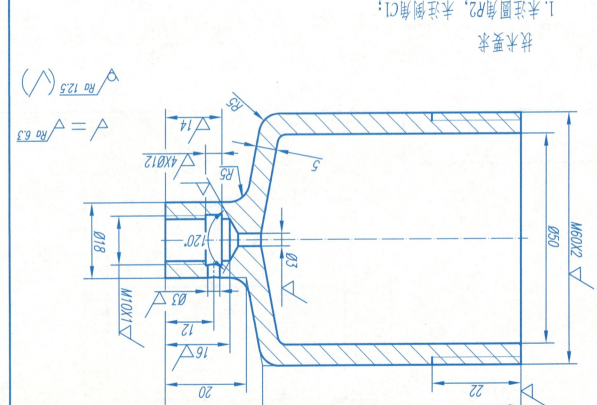

		比例	1:1	图号	
		材料	HT200	件数	

分析容器

(校名)

图号 146

班级(学号)

姓名

阅读分析容器的零件图,完成下列填空。 6-8

1. 零件的材料为_____,材料牌号为_____。

2. 尺寸M60×2的含义:M表示_____,60表示_____,螺距为_____,旋向为_____,粗牙螺纹可(省略标注)、精度为_____,并标注为_____。

3. 尺寸4×⌀12中,4表示_____,⌀12为_____。

4. 该零件的总长为_____,总宽为_____,总高为_____。

5. 零件有_____个表面图形的粗糙度,其中加工图形表面的粗糙度Ra为_____、_____、_____,非加工图形表面的粗糙度Ra为_____。

6. 图中120°的含义是什么?答:_____。

7. 图中尺寸M10×1含义的含义为答:_____。

8. 分析该零件的结构特点,可将该零件归为_____类零件。

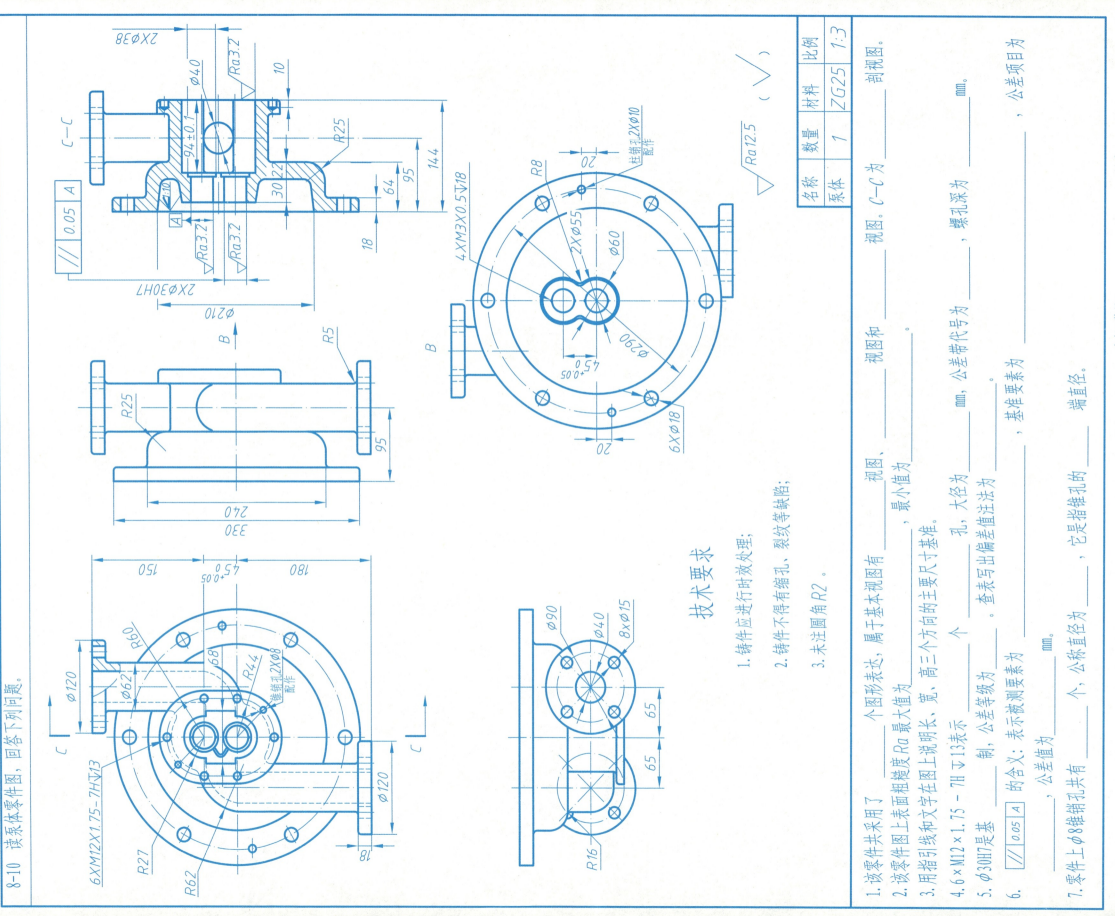

8-11 零件测绘。

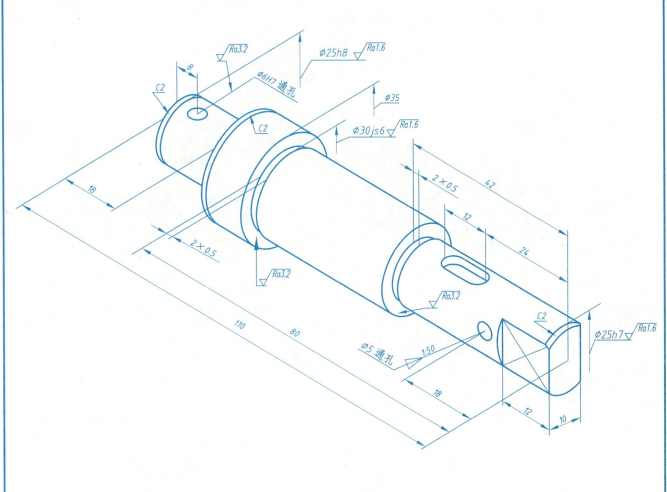

1. 图幅：A3；比例：2:1；数量：1；材料：45。

2. 技术要求：

(1) 零件上键槽的宽度和深度应查标准确定。

(2) ⌀25h7轴线相对⌀30js6轴线的同轴度公差值为⌀0.05。

(3) 键槽两侧面的表面结构要求为去除材料方法得到的 $Ra3.2\mu m$，槽底表面的表面结构要求为去除材料方法得到的 $Ra6.3\mu m$。

(4) 其余加工表面的表面结构要求为去除材料方法得到的 $Ra6.3\mu m$。

(5) 调质处理220~250HBW；未注倒角C1；去毛刺、锐边。

8-11 零件测绘。

(1)零件名称：盖，材料：HT200，未注铸造圆角R3，表面粗糙度自定。

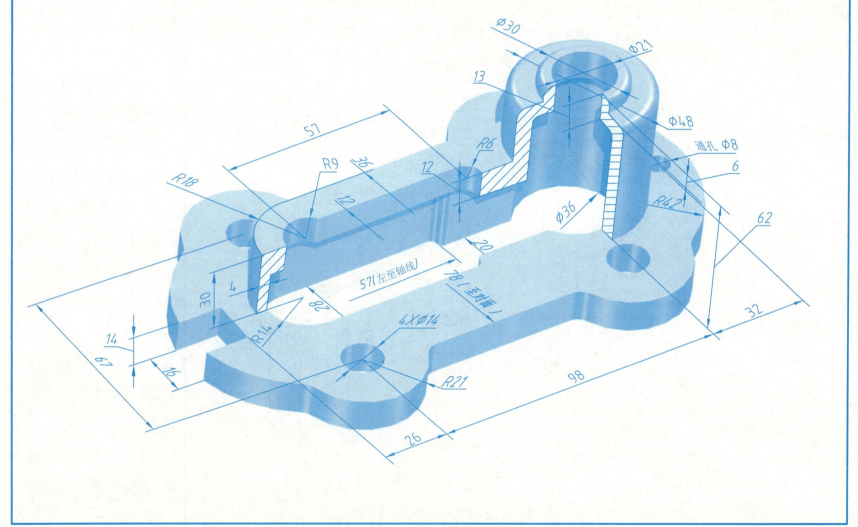

8-11 零件测绘。

（2）零件名称：踏架，材料：HT150，表面粗糙度、公差自定，未注圆角R3。

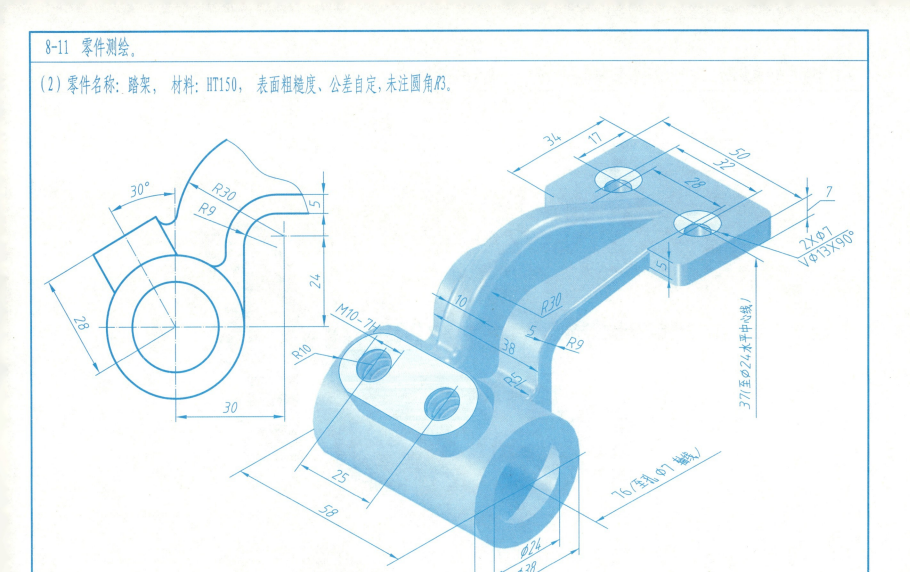

第9章 装配图

9-1 根据给出的旋塞零件工作图和说明草图，选用恰当比例在A3图纸上画出旋塞的装配图。

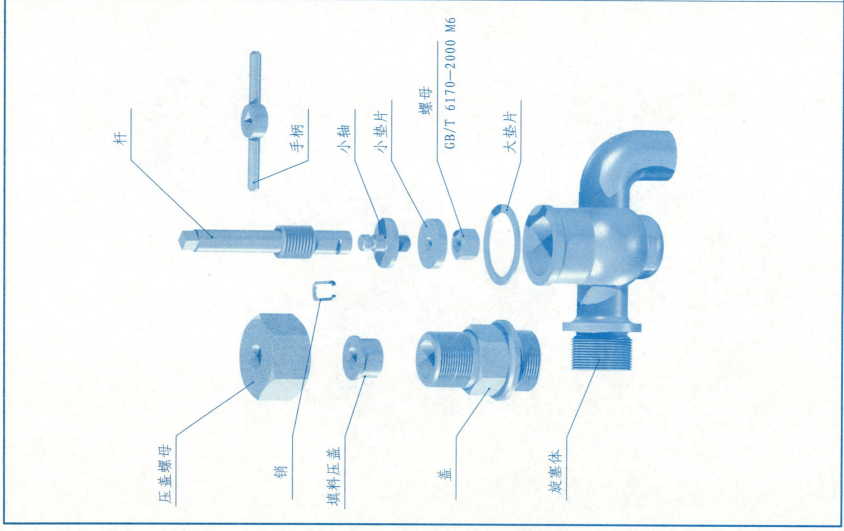

9-1 根据给出的旋塞零件工作图和说明草图，选用恰当比例在A3图纸上画出旋塞的装配图。

(1)

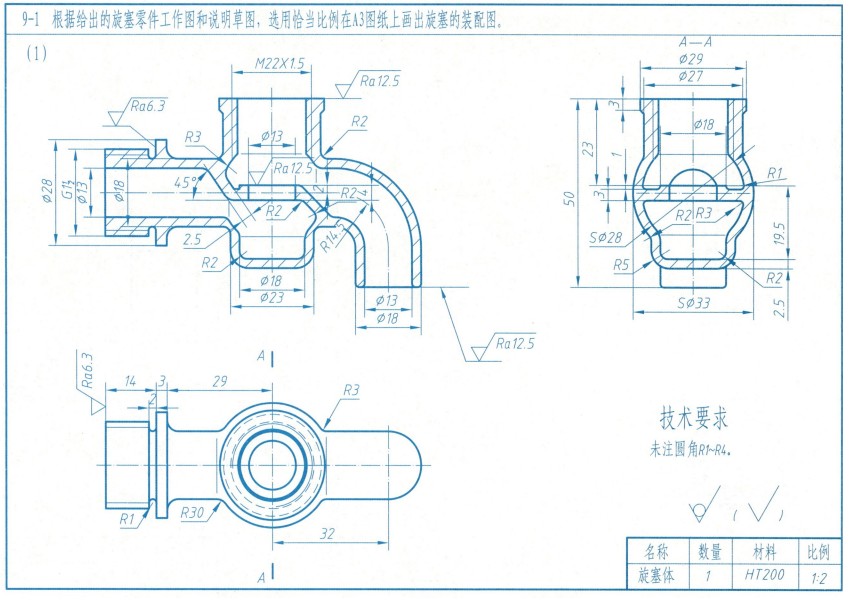

技术要求

未注圆角R1~R4。

名称	数量	材料	比例
旋塞体	1	HT200	1:2

9-1 根据给出的旋塞零件工作图和说明草图，选用恰当比例在A3图纸上画出旋塞的装配图。

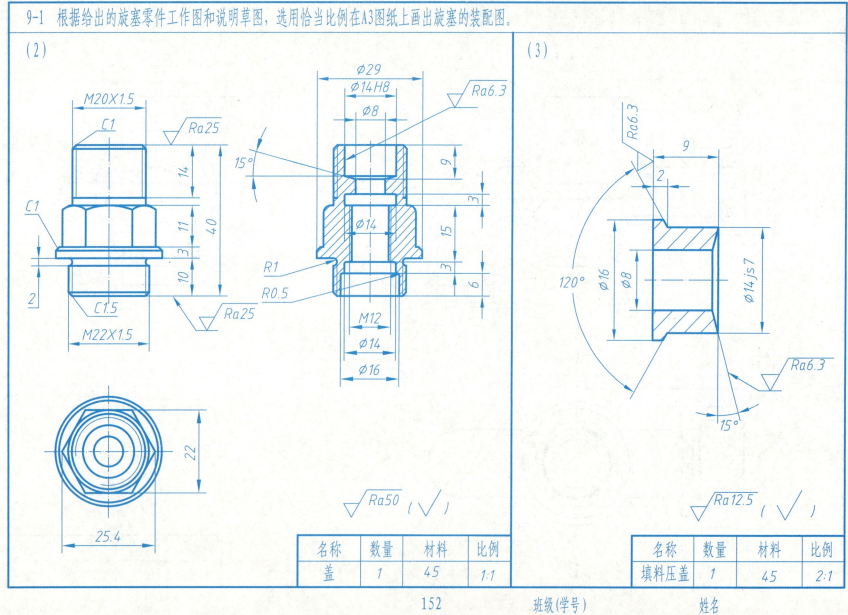

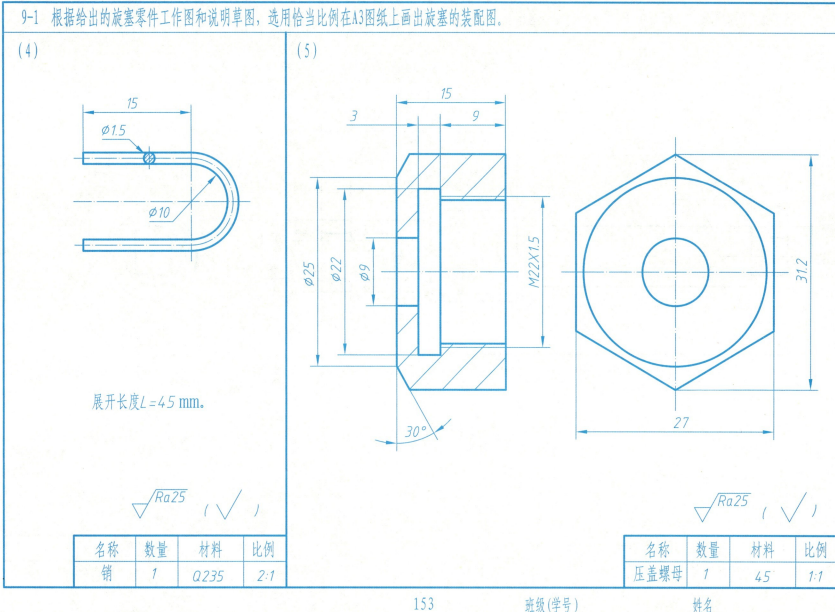

9-1 根据给出的旋塞零件工作图和说明草图，选用恰当比例在A3图纸上画出旋塞的装配图。

(6)

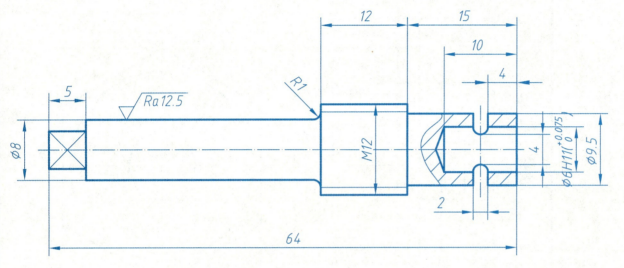
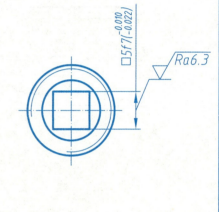

名称	数量	材料	比例
杆	1	45	2:1

154　　班级(学号)　　姓名

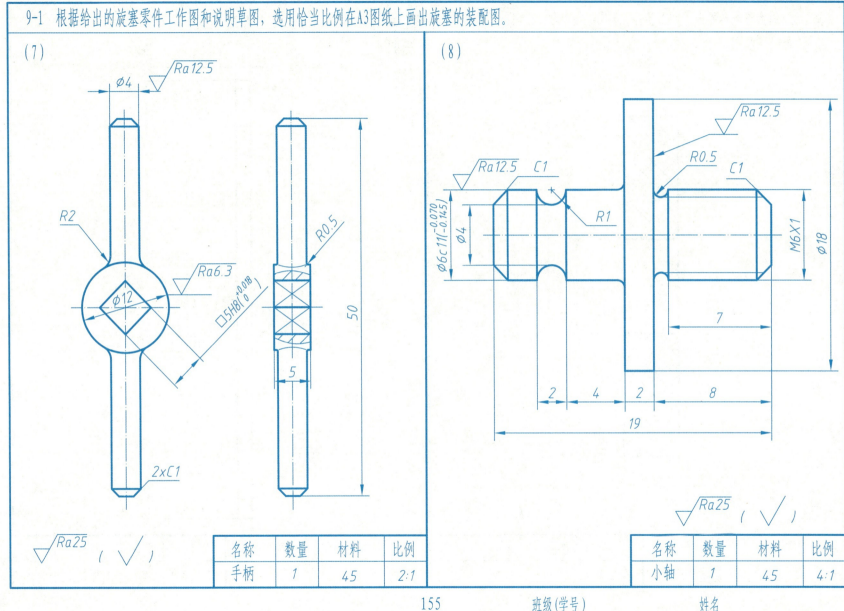

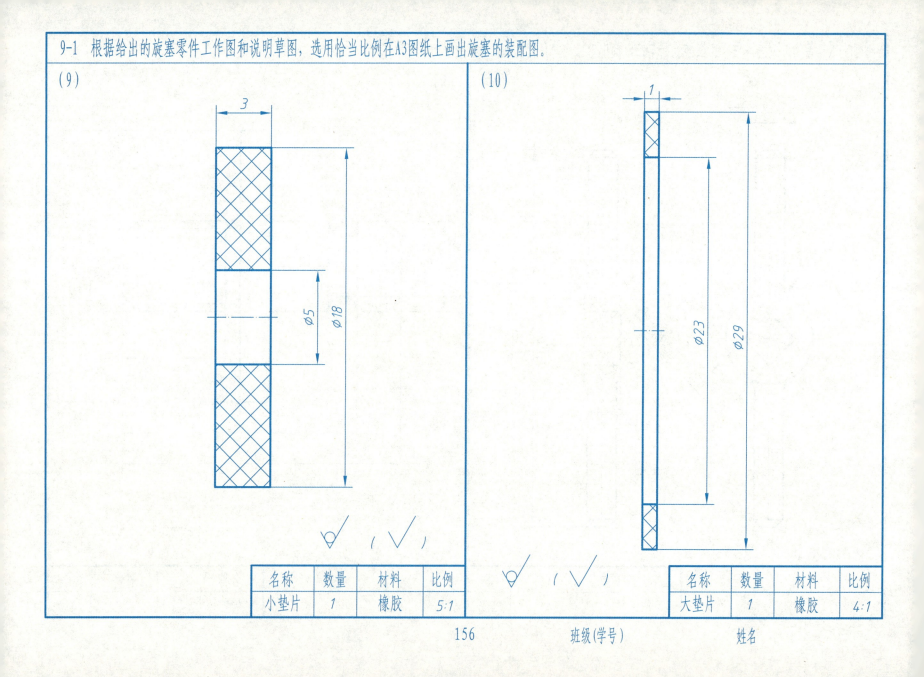

9-2 根据手摇传动机说明草图及零件图,画出其装配图(图纸幅面及比例自定)。

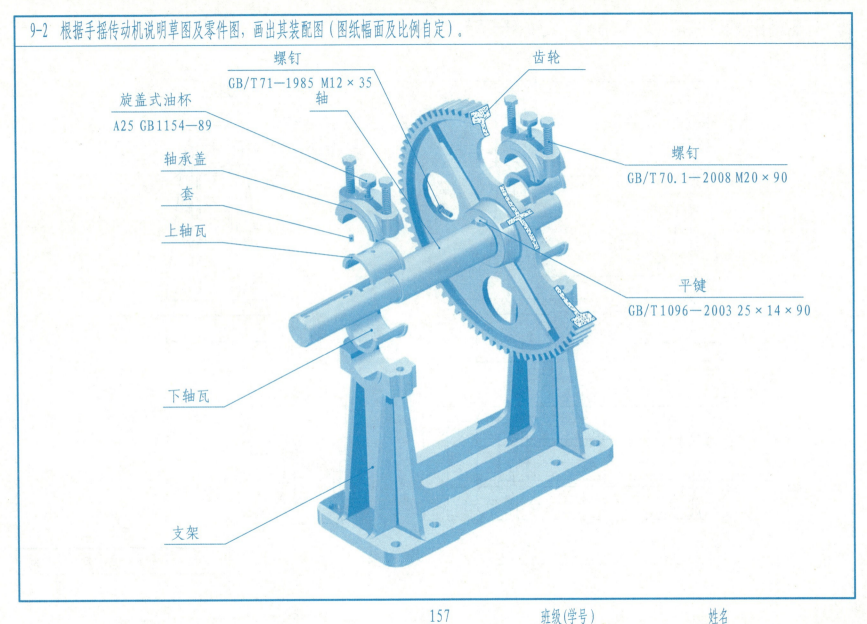

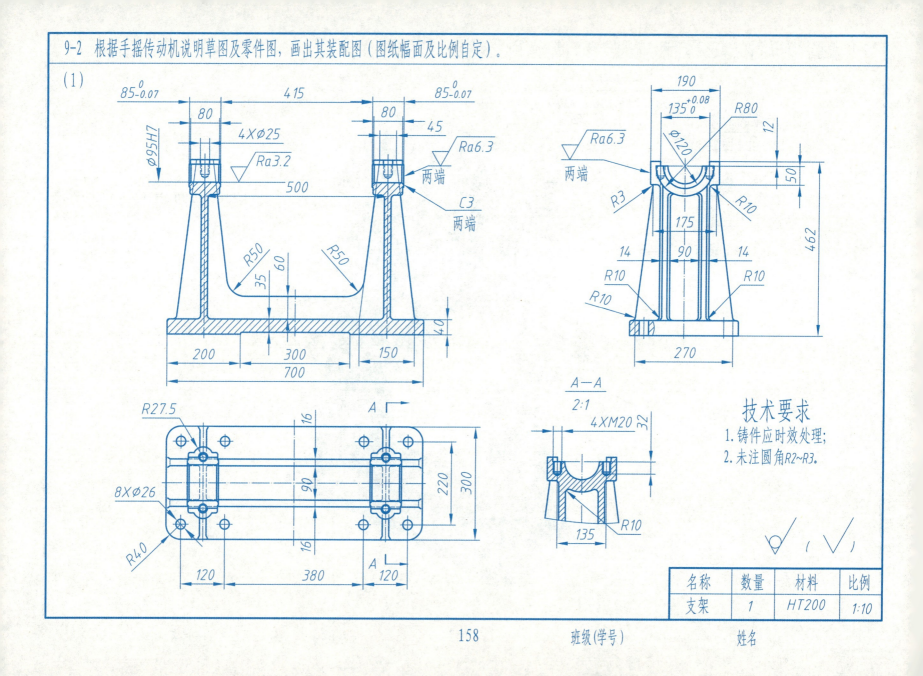

9-2 根据手摇传动机说明草图及零件图,画出其装配图(图纸幅面及比例自定)。

(2)

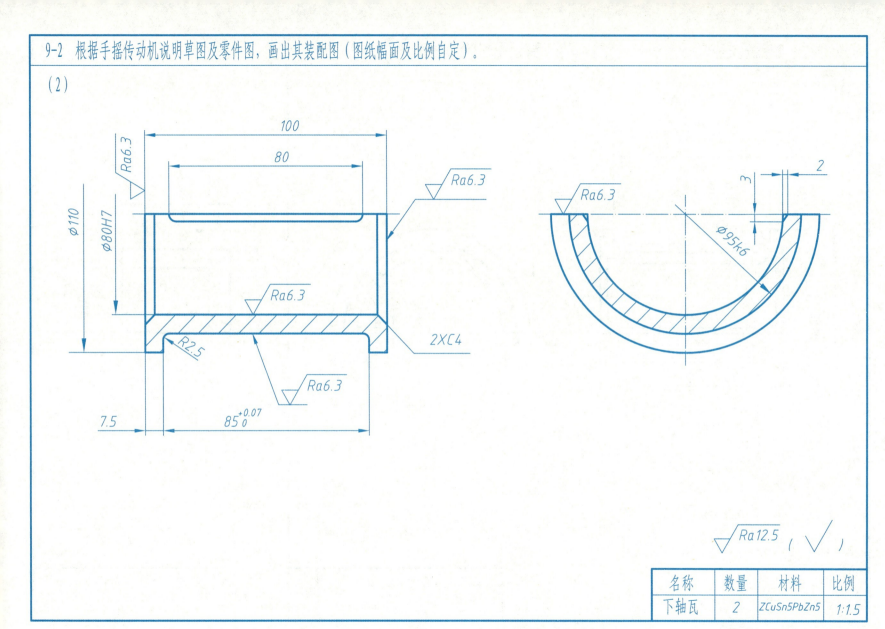

9-2 根据手摇传动机说明草图及零件图,画出其装配图(图纸幅面及比例自定)。

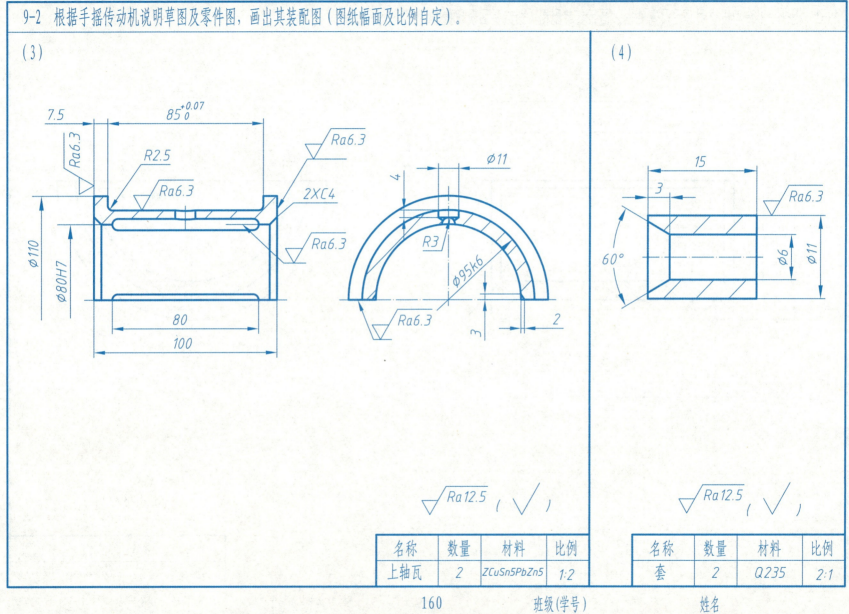

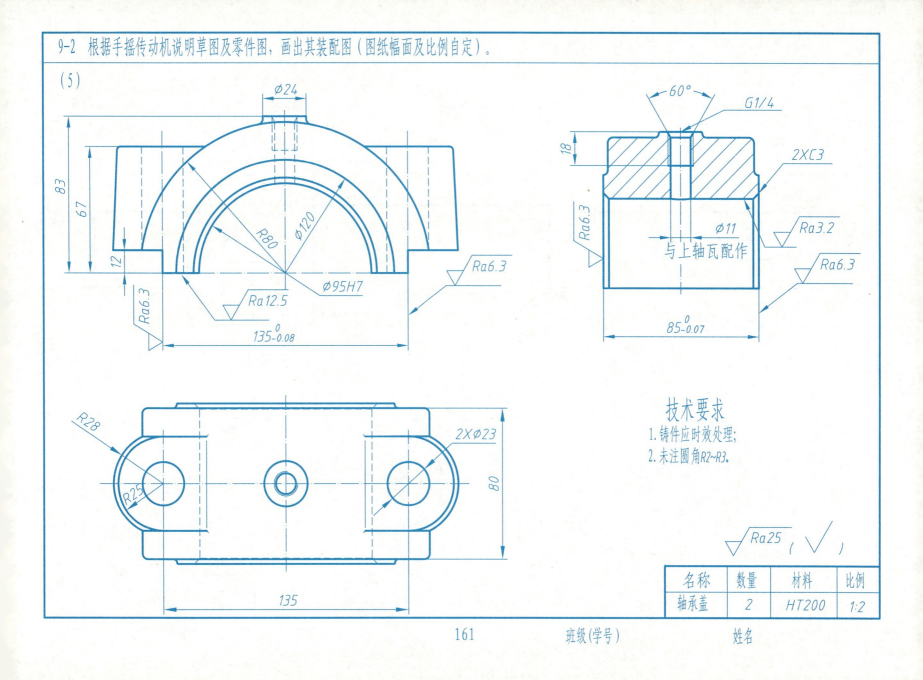

9-2 根据手摇传动机说明草图及零件图，画出其装配图（图纸幅面及比例自定）。

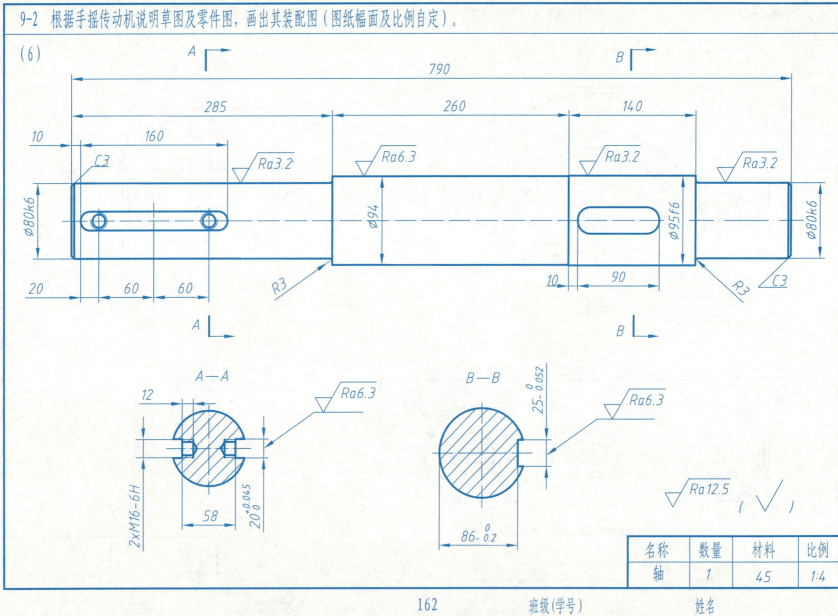

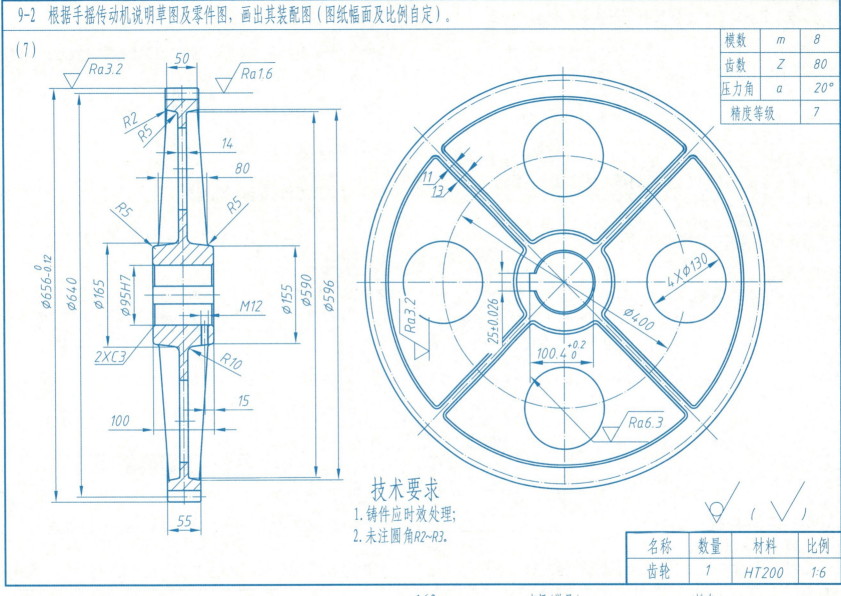

第7次大作业 读装配图和由装配图拆画零件图

一、作业内容 读装配图，并拆画出零件图，可选用的部件有：
（一）球阀；（二）千斤顶；（三）支持滚子；（四）离合器的移动装置。
二、作业目的 1.学习看装配图，提高看图能力。
2.学习拆画零件图的方法和步骤，进一步提高绘制零件图的能力。
三、作业指示
1.按指定题目，分析部件的表达方法。根据工作原理的说明，弄清部件的用途、工作原理、各零件间的装配关系和零件的主要结构、形状。并按要求回答问题，以便检查是否真正读懂装配图。
2.根据装配图，按要求拆画指定零件的零件图。
四、部件的工作原理及读图要求
1.球阀。
（1）工作原理。
　　球阀是机器中用于启闭和调节流体流量的部件，它主要由阀体、阀盖、阀芯、阀杆、密封件等12种零件组成。当全开启时，如下图所示为球阀的全开启位置，即球阀进出孔、阀芯孔的公共轴线处于一致的位置。此时阀芯孔转角为开度最大，流体通过球阀的流量最大。当全关闭时，用扳手带动阀杆，又带动阀芯按顺时针方向转动90°，使阀芯孔轴线与流体进出孔轴线相垂直，完全挡住通路，球阀处于全关闭状态，流体停止输送。如逆时针再转回90°，又恢复全开启状态。在扳手转角90°范围内，只要注意改变其转角的大小，即可改变阀芯孔与流体进出孔的相对开启程度，从而可调节流体流量的大小。
（2）读图要求。
a.压盖的作用是：_____
b.阀盖右端面上止口的作用是：_____
c.填料为何需要被压紧：_____
d.垫圈的作用是：_____
e.在看懂装配图的基础上，拆画阀体4和阀杆6的零件图。

2.千斤顶。
（1）工作原理。
　　千斤顶利用螺旋传动来顶举重物，是汽车修理和应急安装常用的一种起重顶压工具。工作时，旋动穿在台座6孔中的手柄5，使螺杆1在螺套4中上下移动；上升时，顶垫7上的重物被顶起。螺套4由螺钉3定位，磨损后方便更换修配。顶垫7通过螺栓8与台座6连接，同时也不脱落。
（2）读图要求。
a.螺杆1和螺套4采用的是什么螺纹，其特点是什么？
b.螺钉3起什么作用？
c.螺套4与支架2采用什么配合，为什么？
d.顶垫7是否随螺杆1转动？
e.在看懂装配图的基础上，拆画支架2、螺套4和螺杆1的零件图。

3.支持滚子。
（1）工作原理。
　　支持滚子是对所需支撑的物体做微量升降调节作用的工具。转动调节螺钉11，可使滑动楔9、10做左右方向的移动。利用滑动楔9、10之间的斜面接触，对安置在其上面的支架做上下升降调节。
（2）读图要求。
a.代号$\phi 50H7/f6$的基本尺寸是_____，该配合是基_____制，轴的公差带代号是_____，孔的公差带代号是_____。
b.螺钉11的作用是：_____
c.钢丝7的作用是：_____
d.在看懂装配图的基础上，拆画滚子1、支架8和底座13的零件图。

4.离合器的移动装置。
（1）工作原理。
　　采用四连杆机构通过叉子7推动齿轮来实现离合器的接合、分离。
（2）读图要求。
　　在看懂装配图的基础上，拆画杆臂1、吊耳2、托架3和销轴6的零件图。

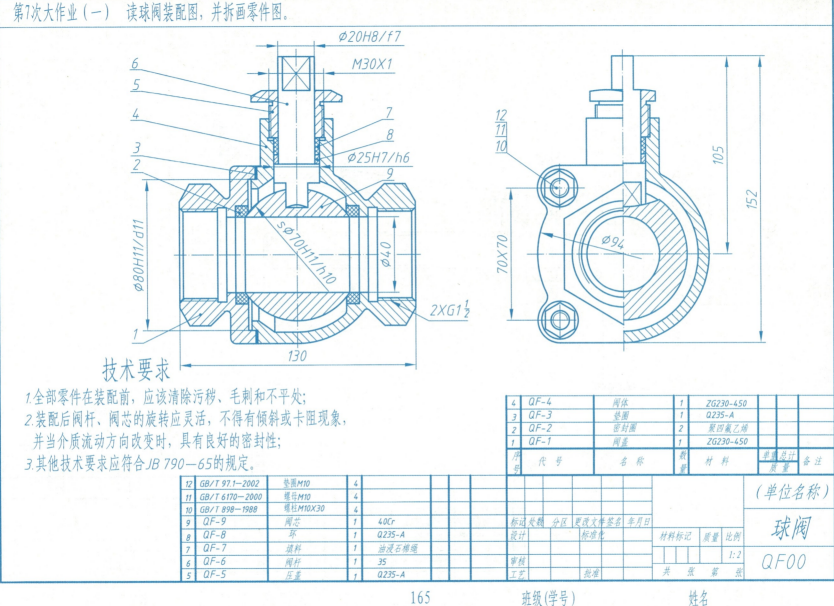

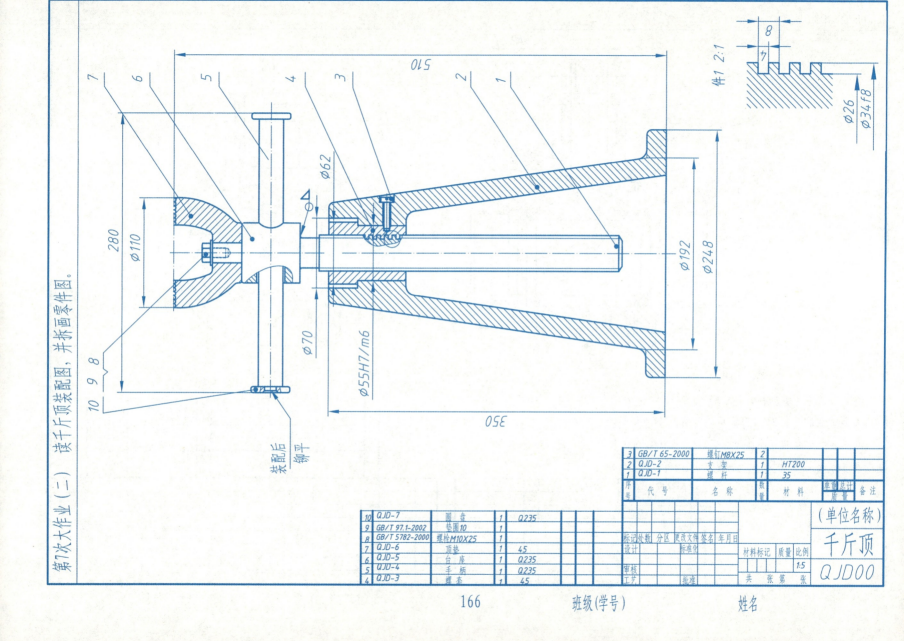

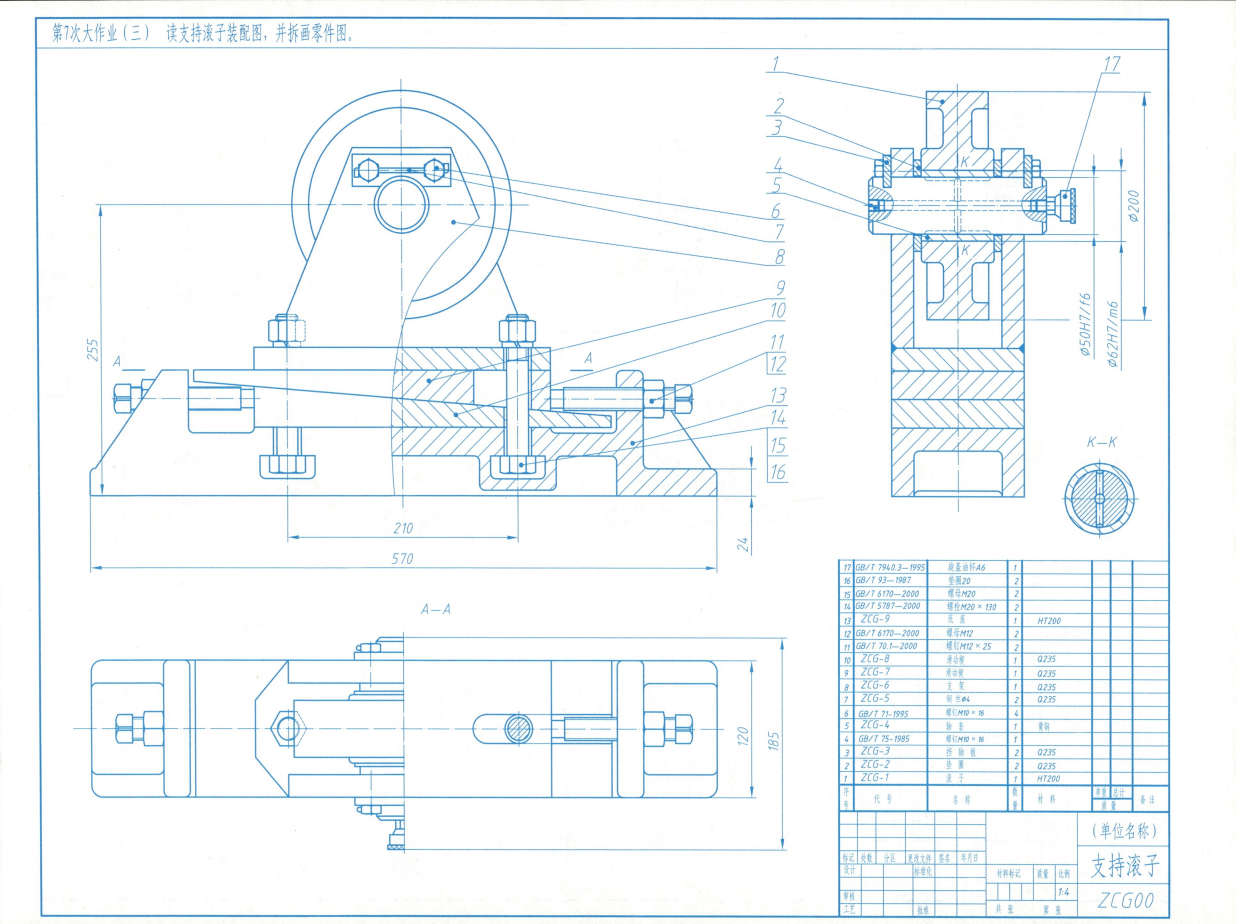

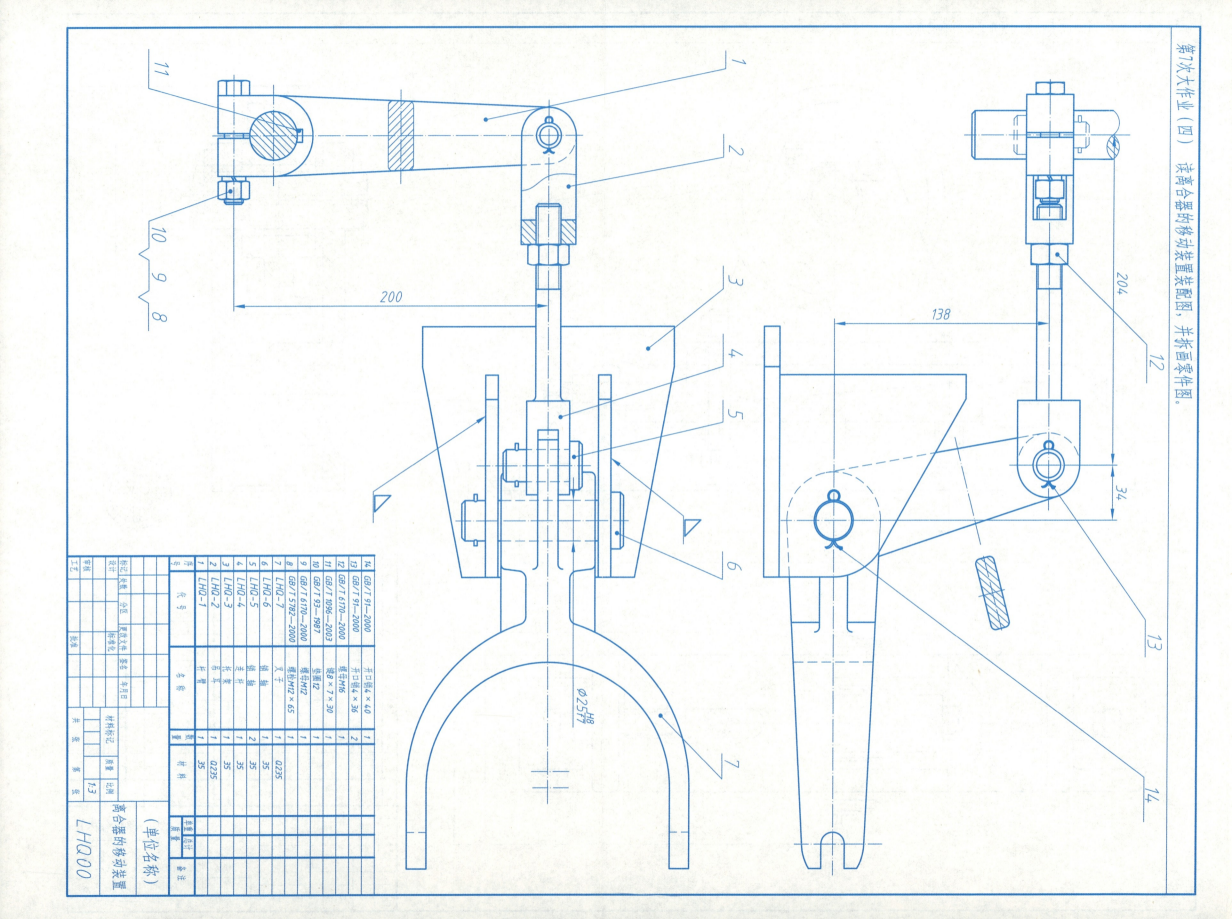

第二部分　章节测试

第1章测试题

一、填空

1. 标准图纸幅面有_____种，幅面代号分别是_____。

2. 图纸上的看图方向符号为一个倒立的_____三角形，该三角形的高为_____mm，对中符号是从周边中点垂直画入图框内_____mm的一段_____线。

3. 图样标题栏中日期填写的形式有三种，如2012年10月1日，应填写为：_____、_____或_____。

4. 机械制图国家标准中规定：图样中的汉字应写成_____体，数字和字母可写成_____体或_____体；字的号数表示字_____，单位为_____。

6. 绘制图样时，图形的对称线、圆的中心线用细点划线绘制，该线应超出轮廓线_____mm。

7. 在图样上标注尺寸时，尺寸界线超出尺寸线末端为_____mm；同方向尺寸线之间间隔应均匀，间隔约为_____mm。

8. 机械图样中尺寸数字一般写在尺寸线上方，且要求水平方向字头_____，垂直方向字头_____，倾斜方向字头_____。

9. 角度尺寸一律按_____方向填写，并且一般要写在尺寸线的_____，必要时可写在尺寸线的上方或外边，也可引出标注。

10. 标注半径尺寸时，尺寸数字前加注半径符号"_____"，标注直径尺寸时，尺寸数字前加注直径符号"_____"，标注球面半径或直径时，应在相应符号前再加注符号"_____"，符号C表示_____，EQS表示_____，∠表示_____，◁表示_____，▽表示_____。

二、名词解释

1. 已知圆弧：_____

2. 中间圆弧：_____

3. 连接圆弧：_____

4. 尺寸基准：_____

5. 定形尺寸：_____

6. 定位尺寸：_____

第1章测试题

三、标注下列图形尺寸（尺寸数值在图形上量取，取整数）。

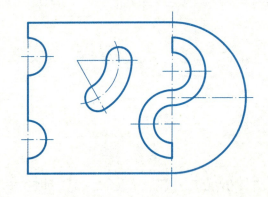

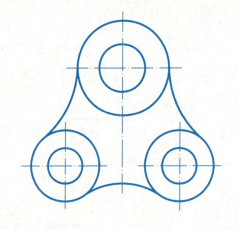

四、参照图中尺寸，在指定位置按1:1比例抄画图形（不标注尺寸）。

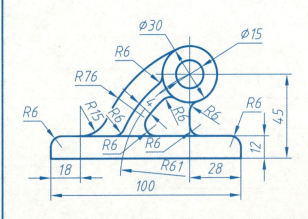

第2章测试题

一、已知点A在V面之前15,点B在H面之上20,点C在V面上,点D在H面上,点E在投影轴上,补全各点的两面投影。

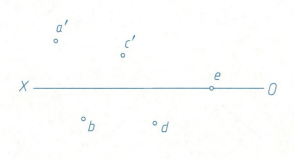

二、作出各点的三面投影,点A(25,15,10);点B距离投影面W、V、H分别为15、25、20;点C在A之下5,与投影面V、H等距,与W面距离是与H面距离的2倍。

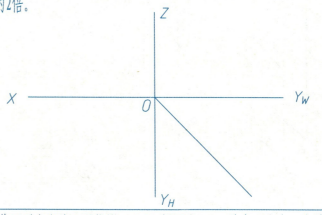

三、已知点A距离W面15;点B距离点A为10;点C与A是对正面投影的重影点,C点Y坐标为15;点D在点B的正下方10,补全各点三面投影,并标明可见性。

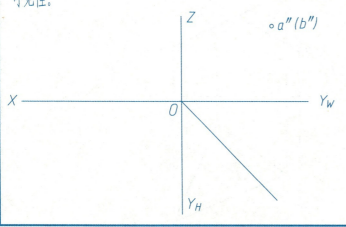

四、作下列直线的三面投影:(1)侧平线AB,从点A向上、向前,长20,β=30°。(2)铅垂线CD,从点C向下,长15。

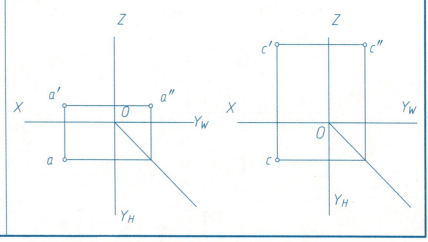

第2章测试题

五、判断并填写两直线的相对位置(平行、相交、交叉)。

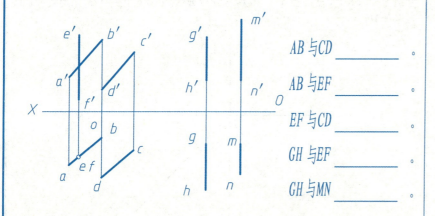

AB 与 CD _____。

AB 与 EF _____。

EF 与 CD _____。

GH 与 EF _____。

GH 与 MN _____。

六、作直线的两面投影：1. 直线 AB 与 EF 同向、等长。
2. 直线 CD 与 GH 平行，且分别与 MN、PQ 交于点 C、D。

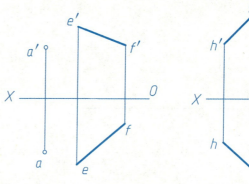 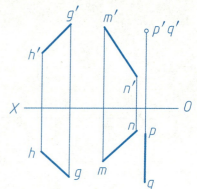

七、判断点 A、B、C、D 是否在同一平面内？填写"在"或"不在"。

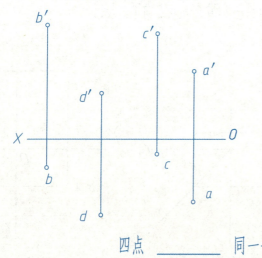

四点 _____ 同一平面内。

八、作直线 AB 与 △CDE 交点，并表明可见性。

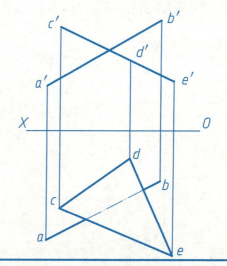

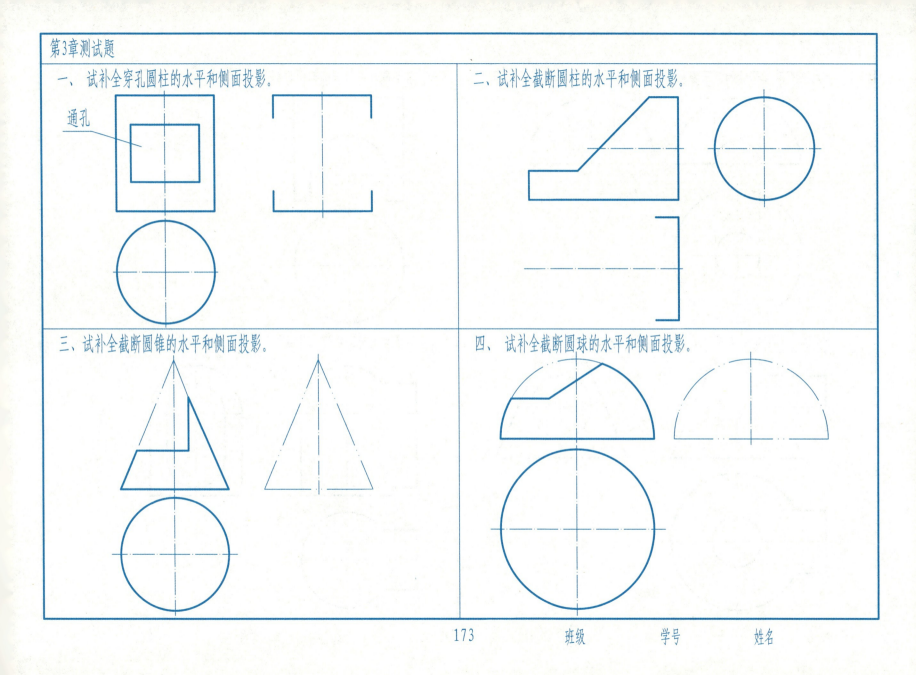

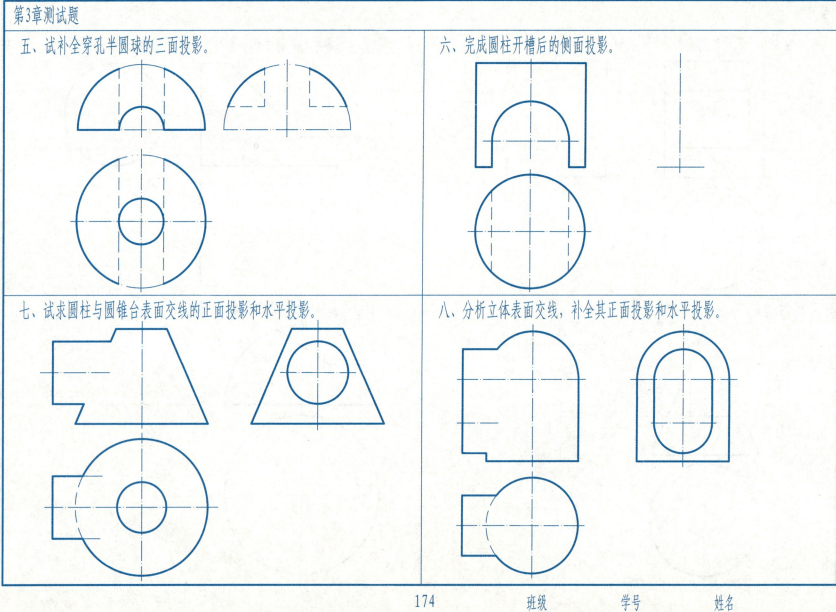

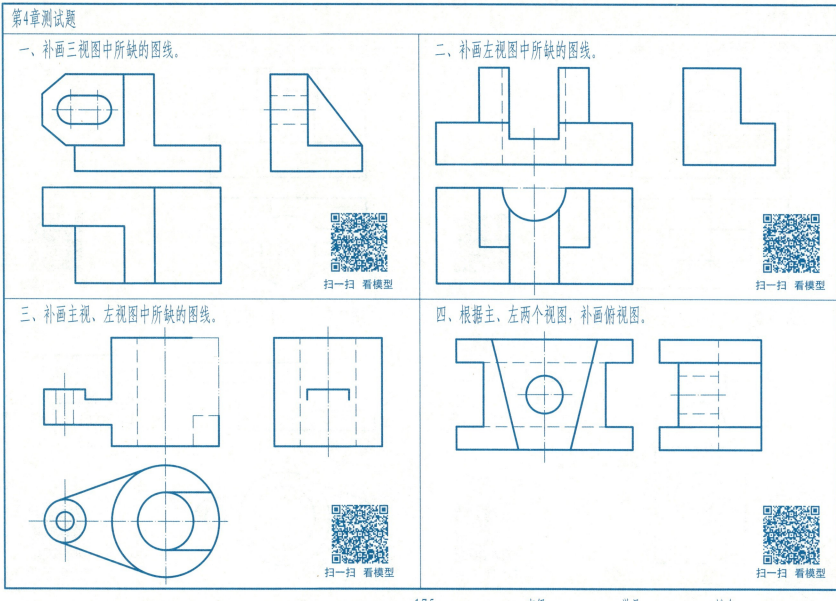

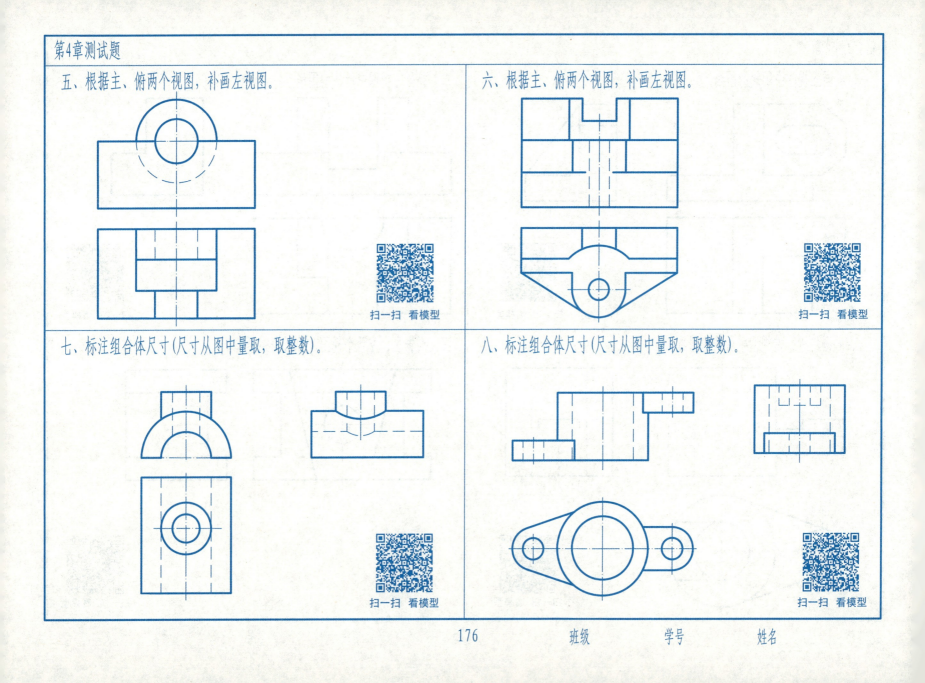

第5章测试题

一、根据给定的视图，在指定位置画出该组合体的正等轴测图。

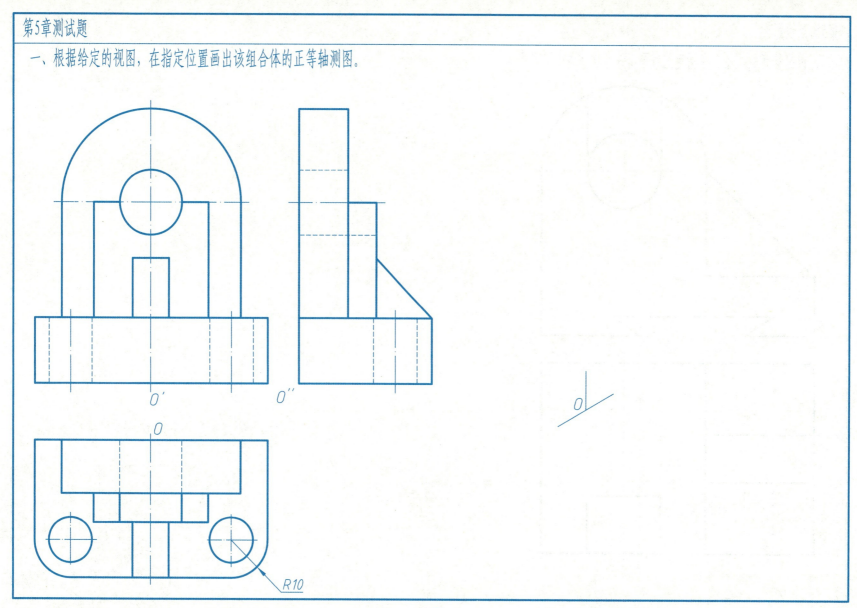

第5章测试题

二、根据给定的视图，在指定位置画出该组合体的斜二测图。

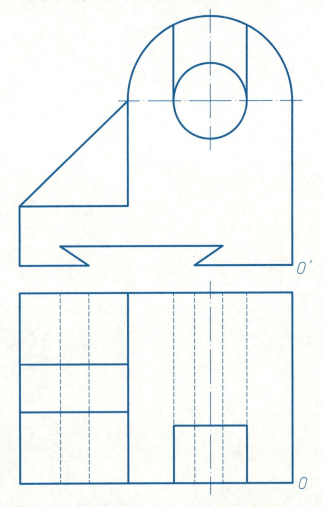

178　　班级　　学号　　姓名

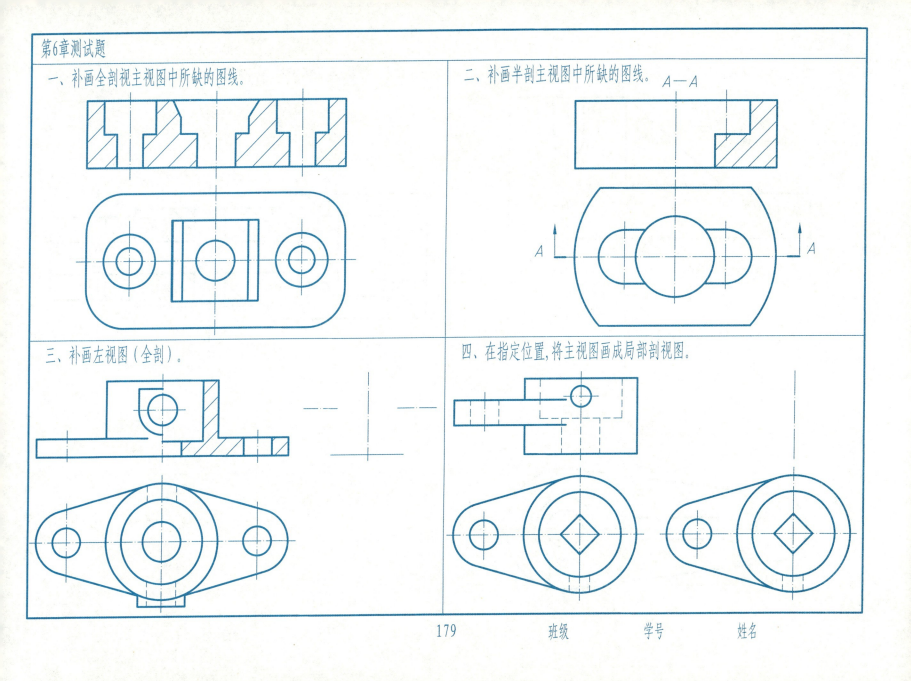

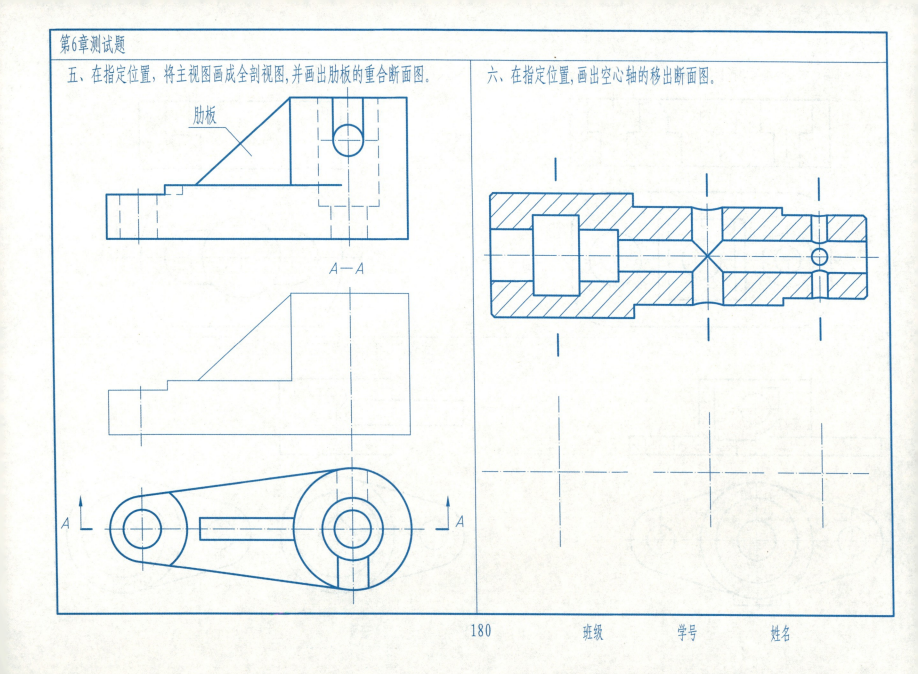

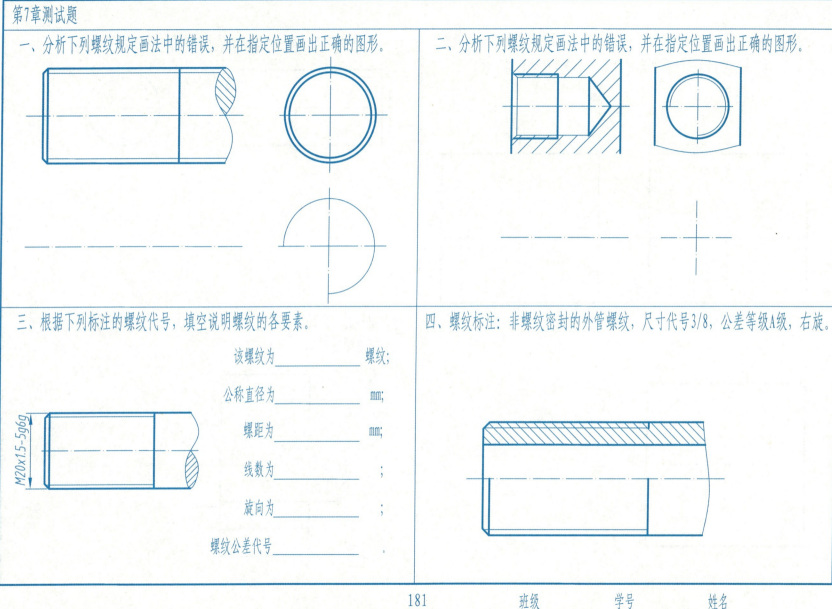

第7章测试题

五、用螺栓 GB/T 5782—2000 M12×55,螺母 GB/T 6170—2000 M12,垫圈 GB/T 93—1987 12,按1∶1比例画出连接图（被连接件尺寸如图所示）。

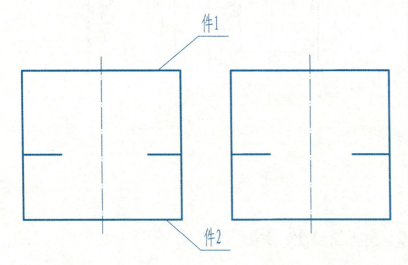

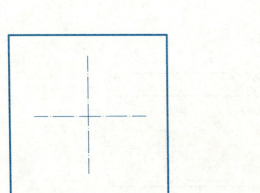

六、下面矩形外花键画法有错误，在指定位置按正确的画法画出。

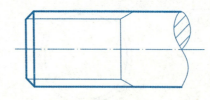 

七、用一键长为20 mm的普通平键将图中所示的轴和齿轮连接起来，补全其键连接装配图。

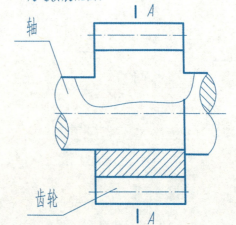

第8章测试题

一、填空

1. 根据零件图中尺寸的作用不同，可把尺寸基准分为 _____ 和 _____ 两类。
2. 零件图尺寸标注的方法有 _____ 、 _____ 和 _____ 三种形式。
3. 零件图中带"( )"的尺寸表示 _____ 尺寸。
4. 标准公差分为 _____ 个等级， _____ 级尺寸精度最高， _____ 级尺寸精度最低。
5. 轴、孔配合分为 _____ 、 _____ 和 _____ 三种。
6. 配合的基准制有 _____ 和 _____ 两种。
7. 写出四种典型零件的名称 _____ 、 _____ 、 _____ 、 _____ 。
8. 写出两种常见的铸造工艺性结构名称 _____ 、 _____ ；两种常见的机械加工工艺性结构名称 _____ 、 _____ 。

二、在指定位置画出 A—A 断面图(键槽深度3 mm)，并回答问题。

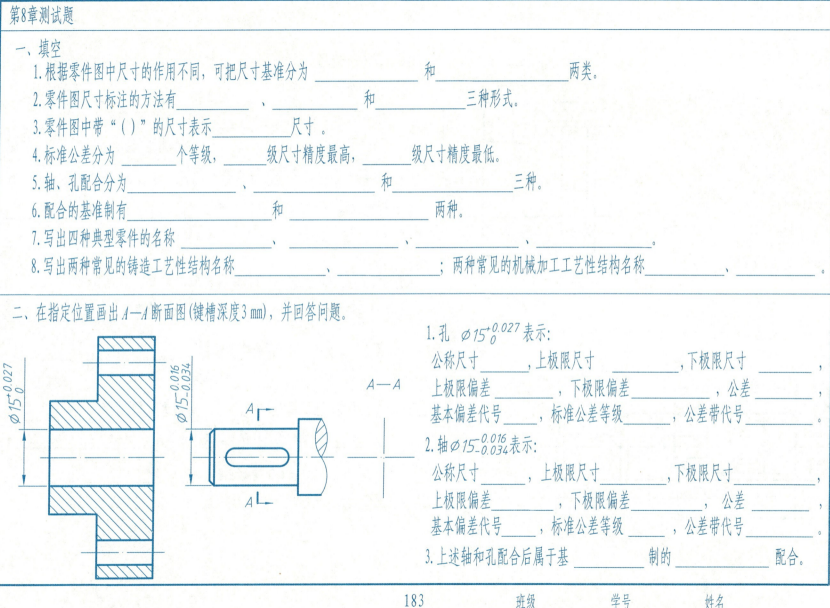

1. 孔 $\varnothing 15^{+0.027}_{0}$ 表示：

   公称尺寸 _____ ，上极限尺寸 _____ ，下极限尺寸 _____ ，
   上极限偏差 _____ ，下极限偏差 _____ ，公差 _____ ，
   基本偏差代号 _____ ，标准公差等级 _____ ，公差带代号 _____ 。

2. 轴 $\varnothing 15^{-0.016}_{-0.034}$ 表示：

   公称尺寸 _____ ，上极限尺寸 _____ ，下极限尺寸 _____ ，
   上极限偏差 _____ ，下极限偏差 _____ ，公差 _____ ，
   基本偏差代号 _____ ，标准公差等级 _____ ，公差带代号 _____ 。

3. 上述轴和孔配合后属于基 _____ 制的 _____ 配合。

第8章测试题

三、表面粗糙度标注

要求：
$\phi 26$ 孔内表面为 Ra0.8；
$\phi 52$ 圆柱面为 Ra0.8；
$\phi 8$ 孔内表面为 Ra6.3；
$\phi 36$ 孔内表面为 Ra6.3；
左右端面为 Ra3.2；
其余为 Ra12.5。

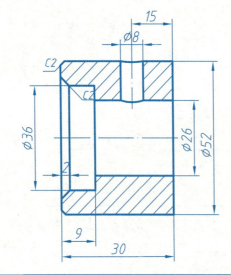

1. 该零件的名称是_____，材料是_____，绘图比例是_____。
2. 该零件主视图采用了_____表达方法。
3. M6-7H的含义：M表示_____，6表示_____，7H表示_____，该结构的深度是_____mm。
4. 柱塞表面粗糙度Ra值要求最小的是____μm，最大的是____μm。
5. $\phi 18g6$ 中，$\phi 18$ 表示____尺寸，g表示_____，6表示_____。
6. SR20表示_____，是_____尺寸。(定形或定位)
7. ⌀ 0.005 的含义：表示被测要素为_____，公差项目为_____，公差值为_____。
8. 该零件高度和宽度方向的尺寸基准是_____。该零件属于_____体结构。
9. 指出图中的工艺结构：它有____处倒角，其尺寸为_____，有____处砂轮越程槽，其尺寸分别为_____。
10. 柱塞内孔$\phi 14$表面粗糙度Ra值为_____μm。

四、读柱塞零件图，在指定位置补画A—A断面图，并回答下列问题。

名称	数量	材料	比例
柱塞	1	15Cr	1:1

第9章测试题

一、填空

1. 装配图的基本内容包括 _____
_____。

2. 装配图中常需标注的几类尺寸及各类尺寸的含义是：_____
_____
_____
_____
_____。

3. 装配图中零部件序号应沿水平或垂直方向按_____方向或_____方向顺次排列，序号指引线互相不能_____，指引线应自零部件的可见轮廓内引线，并在引线端画一实心圆点，然后从圆点开始用_____线画指引线，在指引线的另一端用_____线画一水平线或圆，在水平线或圆内注写序号，序号的字号比装配图中注尺寸的数字大_____号或_____号。

4. 装配图的规定画法：相邻两部件的接触面规定画_____条粗实线，相邻两部件的剖面线倾斜方向应_____或_____。在各个视图上，同一个零件的剖面线倾斜方向和间隔应_____。

5. 装配图的特殊表达方法有 _____
_____。

二、读安全水阀装配图，并由装配图拆画零件图。

1. 工作原理：安全水阀的作用是防止停水后来水，家中无人跑水。它主要由阀体4、阀盖11、推杆14、锁杆5、弹簧3和8及密封件等18种零件组成。当停水时，阀腔内无水压，推杆14在件3弹簧力的作用下，处于图示的位置，推杆14将橡胶垫12紧紧地压在右阀盖处，同时锁杆卡住推杆14不动。当来水时，若无人把锁杆5提起，推杆14也不能移动，阀腔内的水也不能排出。只有手动提起锁杆5，阀腔中水压力大于弹簧力时，推杆14左移，水才能排出。

2. 读图要求：

(1) 阀体与阀盖的连接方式 _____ ；

(2) 弹簧力的大小调整方式 _____ ；

(3) 各零件的密封方式 _____ ；

(4) 写出安全水阀的拆卸顺序_____
_____ ；

(5) 件3的作用_____ ；

(6) 在读懂装配图的基础上，拆画件4和件14的零件图。

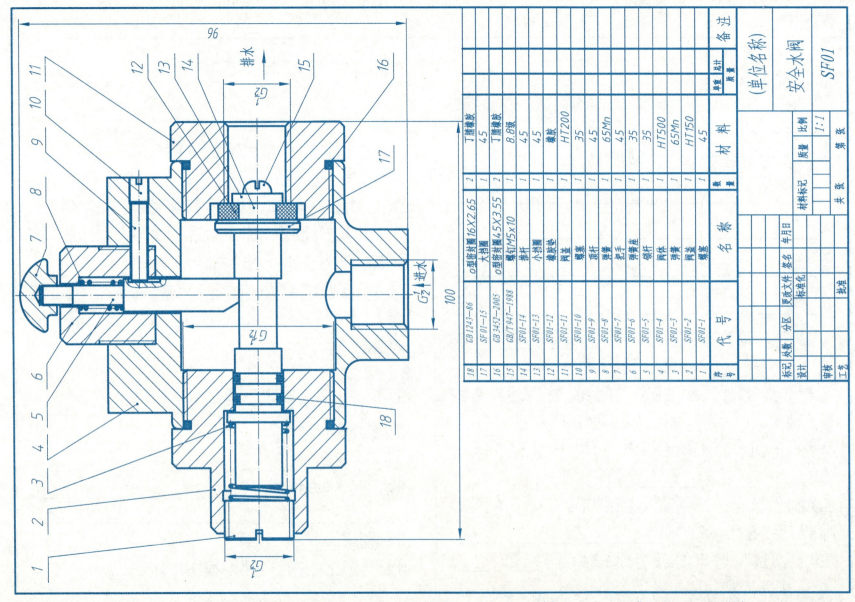